DK 有趣的学习

有趣的化学
ALL ABOUT CHEMISTRY

这就是元素

英国DK出版社 著   张伯尧 张景华 译   沈为之 审订

科学普及出版社
·北京·

DK | Penguin Random House

Original Title: All About Chemistry
Foreword copyright © Robert Winston, 2007
Copyright © Dorling Kindersley Limited, 2007, 2015
A Penguin Random House Company
本书中文版由 Dorling Kindersley Limited
授权科学普及出版社出版，未经出版社许可不得以
任何方式抄袭、复制或节录任何部分。

版权所有　侵权必究
著作权合同登记号：01-2021-1510

图书在版编目（CIP）数据

有趣的化学：这就是元素 / 英国DK出版社著；张
伯尧，张景华译. -- 北京：科学普及出版社，2021.6（2023.8重印）
（有趣的学习）
书名原文: All About Chemistry
ISBN 978-7-110-10222-0

Ⅰ. ①有… Ⅱ. ①英… ②张… ③张… Ⅲ. ①化学—
青少年读物 Ⅳ. ①O6-49

中国版本图书馆CIP数据核字(2020)第267981号

策划编辑　邓　文
责任编辑　李　睿
营销编辑　齐　宇
封面设计　朱　颖
图书装帧　金彩恒通
责任校对　张晓莉
责任印制　徐　飞

科学普及出版社出版
北京市海淀区中关村南大街16号　邮政编码：100081
电话：010-62173865　传真：010-62173081
http://www.cspbooks.com.cn
中国科学技术出版社有限公司发行部发行
北京华联印刷有限公司承印
开本：787毫米×1092毫米　1/16　印张：6　字数：150千字
2021年6月第1版　2023年8月第3次印刷
ISBN 978-7-110-10222-0/O·199
印数：20001—25000册　定价：29.80元

（凡购买本社图书，如有缺页、倒页、
脱页者，本社发行部负责调换）

FSC
www.fsc.org
混合产品
纸张 |
支持负责任林业
FSC® C018179

www.dk.com

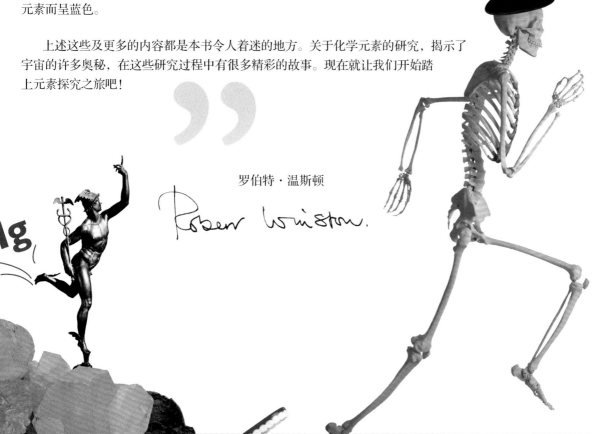

化学元素自始至终存在于这个世界上，它们是许多生活中常见问题的答案，譬如：人体由什么构成？我们靠什么维系生命？了解它们还有助于我们去思考如何减少二氧化碳排放量，以及如何使用氢气作为能源来驱动汽车。

很久以前，人类就开始寻找关于地球、宇宙以及每一样物质是什么的答案，而且至今还有许多问题尚待解决。撩起炼金术士的神秘面纱，我们会发现他们只不过是提纯了一些物质——使用了化学元素的知识。

发明家知道并能够通过化学元素的变化来发现和利用新的特性，比如一个简陋的灯泡就能有效地将电能转变为光能。

作为一名医生，我对化学元素非常感兴趣，但同时我也非常想知道为什么高山滑雪时我能顺利地滑下来，电视机为什么能正常工作，以及章鱼的血为什么因为富含铜元素而呈蓝色。

上述这些及更多的内容都是本书令人着迷的地方。关于化学元素的研究，揭示了宇宙的许多奥秘，在这些研究过程中有很多精彩的故事。现在就让我们开始踏上元素探究之旅吧！

罗伯特·温斯顿

Robert Winston.

目录

"无处不在的元素**组成了世界上所有的物质，**如果**你将所有物质都分解至其最基本**的组成单元，那么你会发现**它们都是由化学元素构成的。**至今，人类总共发现了**118种元素**，但大多数物质都是由其中几种元素组成的。

印刷你所阅读的**每一个字的油墨**都是由**碳**元素组成的，纸张由**碳**、**氢**、**氧**元素构成，**生命**有**11种**必不可少的**元素**。从天空中的太阳到浩瀚无际的**宇宙，**全都是由化学**元素**构成的。**"**

"元素"是构成万事万物最基本的物质单元。

绪论

"

自从……好吧，自从有生命开始，或者说，有任何事物开始，元素就是人类生活的一部分。

我们在研究早期人类的时候，发现他们真的是心灵手巧。他们能把骨头做成骨棒来当作武器，用石头制成工具，还将黄金熔化制成容器。

我们确实到达了某些地方，但到底是哪儿呢？

虽然我们进行了抛光、塑型和加热，但是我们并不知道这些行为是最初的元素实验。

那些聪明的古希腊人花了好长时间，才逐渐阐明了一些事物……

"

我一直在想……

恩培多克勒

希腊的怪人

伟大的古希腊思想家正在把注意力转向探究世上所有的物质究竟是由什么构成的。

土元素

一切具有干燥、寒冷特性的物质都被认为是土元素。

水元素

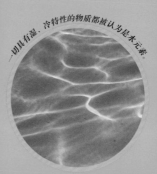

一切具有湿、冷特性的物质都被认为是水元素。

火元素

一切具有热、干特性的物质都被认为是火元素。

公元前490年—公元前430年

形状

伟大的思想家柏拉图在研究了当时关于元素的流行说法后认为,每一种元素中的原子都具有不同的形状。巧的是,自然界中存在五种有规律的三维立体结构,似乎与当时的五种元素刚好匹配。

立方体可以完美地堆叠在一起,而没有缺口。

这种球形代表流动的水原子。

柏拉图认为尖尖的象征着火,因为燃烧时的给人以尖锐的感觉。

在希腊语中,"原子"的含义是

所有"经典的"的四元素论（按现代人的说法）都在一根燃烧着的原木上体现了出来。

恩培多克勒 提出了"元素"这一概念，他认为世界上每一种物质都可以分解为四种元素：土、火、水和气。他把自己的理论写成了一首5000行的诗。

他用一根燃烧的原木作为例子，形象地解释了元素是这样的：灰烬是**土元素**，原木中所含的液体是**水元素**，烟就是**气元素**，燃烧释放的就是**火元素**。

气元素

亚里士多德的 **精华**

有湿、热特征的物质都被认为是气元素。

亚里士多德认为空间元素是第五种元素。

德谟克利特走在了他所在的那个时代的前沿。每个人都知道硬币在使用过程会逐渐被损耗直至消失，德谟克利特从这一事实中意识到，世界上所有的物质必定是由极其微小的碎片组成的，他把这称为"原子"。尽管他没有证据，只是停留在猜想阶段，但这的确是一个非常了不起的猜想。

德谟克利特

磨损的硬币丢失了极小的、肉眼看不见的颗粒。

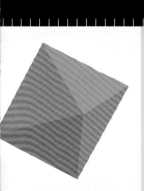
八面体也能叠在一起，看起来更像气元素。

十二面体代表了一个空间原子。

"不可分割"。

黑暗的一面

死亡医生

历史上的炼金术士还进行过一些医学研究，其目的是治愈疾病和延长寿命，可是他们的所作所为真的是弊大于利。相传，中国古代有位皇帝坚信自己能长生不老，当他被病痛折磨时，他命令手下的炼金术士去寻找和炼制长生不老之药，以求永生。结果炼制成的药丸中含有汞，是一种致死的毒药。这些乱来的炼金术士使得这位皇帝精神错乱，以死亡而告终。

很好！

很好！

安息吧！

公元前 **210** 年

公元 **270** 年

消失的图书馆

炼金术起源于古埃及教士的学习实践活动，他们的手迹著作一直都收藏在当时最大的图书馆——亚历山大城的缪斯神庙中。古埃及各地的炼金术士都在使用这个图书馆，于是古埃及教士的知识传播到了古希腊和阿拉伯国家。这座图书馆的藏书会非常令人着迷，可惜的是，这座图书馆在很久以前就被毁了。

从穿着白色长袍的男人到巫术和魔药

伟大的古希腊思想家将注意力从元素上转向了"认识自己",关于元素的科学研究进入了一个黑暗的世界——炼金术士的时代。

黄金

魔法石

中世纪,欧洲的炼金术士试图用阿拉伯人的理论将一些金属转变成**黄金**,比如铅。他们夜以继日地在肮脏的、布满黑烟的工作间里忙碌着,寻找**炼金术**的奥秘,他们坚信研究炼金术和炼制**长生**不老药一样伟大。

在 J.K. 罗琳的第一本书,《哈利·波特与魔法石》中,哈利·波特试图阻止伏地魔把手放到魔法石上。

公元776年

早期化学家的工作

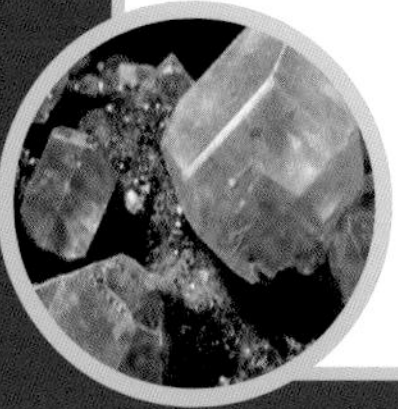

硫

阿拉伯的炼金术士介绍了实验工作的重要意义。他们使用玻璃瓶和玻璃管,进行混合、加热和煮沸,然后观察会出现什么情况。他们在分离化学物质和寻找新物质方面获得了许多成果。他们曾说,金属不过是四种希腊元素及硫和汞的结合物而已,即使这样,真的就有可能造出黄金吗?

事情发生了变化……

符咒的
秘密

**秘密
符号**

"阿布拉卡达布拉！"

天主教怀疑炼金术不过是些巫师熟练掌握的黑暗艺术罢了，德国有一位名叫阿尔伯特的教士，是为数不多的几个把科学和宗教结合起来进行研究而又没有招惹麻烦的人中的一位。然而，这并不能阻止竞争对手对他进行流言蜚语的打击，他们说他的全部成果是骗局，并不圣洁。阿尔伯特曾描述过砷（这是有史记载的第一位元素发现者）。

砷

公元 1250 年   **公元 1382 年**

为了保护他们自己工作的秘密，炼金术士经常用一些莫名其妙的图形和符号来表示元素。

哈利·波特

黄金男孩

来自巴黎的穷学者尼古拉斯·勒梅声称他发明了"魔法石"，并用魔法石制造了黄金，自此，他变成了一名非常有钱的学者。在电影《哈利·波特与魔法石》中，他是唯一一个被提及能制造这种石头的炼金术士。谁知道这故事是不是真的呢？（很有可能是假的！）

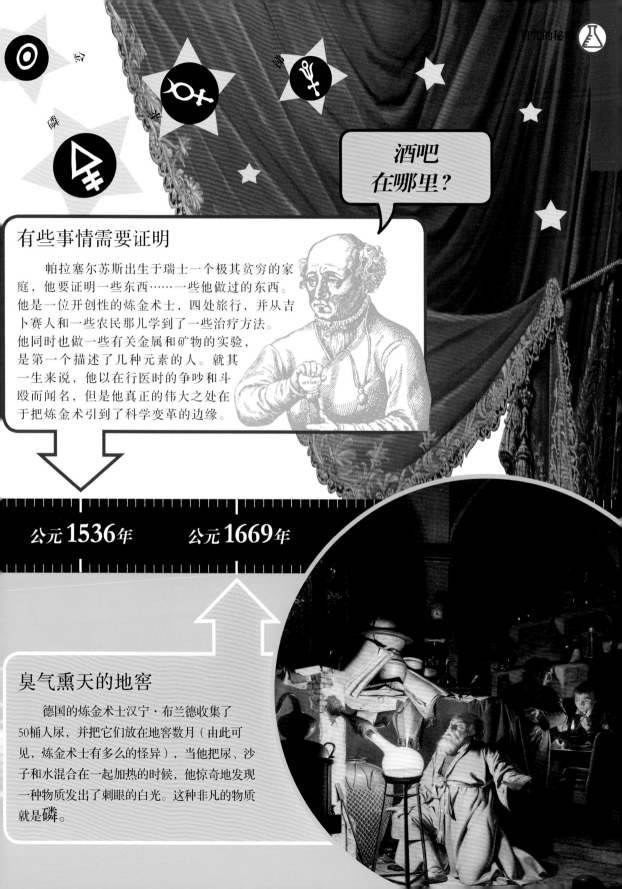

酒吧
在哪里？

有些事情需要证明

　　帕拉塞尔苏斯出生于瑞士一个极其贫穷的家庭，他要证明一些东西……一些他做过的东西。他是一位开创性的炼金术士，四处旅行，并从吉卜赛人和一些农民那儿学到了一些治疗方法。他同时也做一些有关金属和矿物的实验，是第一个描述了几种元素的人。就其一生来说，他以在行医时的争吵和斗殴而闻名，但是他真正的伟大之处在于把炼金术引到了科学变革的边缘。

公元 1536 年　　　公元 1669 年

臭气熏天的地窖

　　德国的炼金术士汉宁·布兰德收集了50桶人尿，并把它们放在地窖数月（由此可见，炼金术士有多么的怪异），当他把尿、沙子和水混合在一起加热的时候，他惊奇地发现一种物质发出了刺眼的白光。这种非凡的物质就是**磷**。

气体与文明

我是化学界的**大人物！**

16世纪，科学飞速地向前发展。哥白尼通过计算发现了我们所在的太阳系。到了17世纪，牛顿发现了万有引力。

更为重要的是，科学家都忙于真正的**实验**，以证明他们自己所说所做的一切是正确的（或别人的结果是错误的）。与此同时，炼金术士开始对**气体**进行**实验研究**。

17世纪　　　　　**1661**年

哇，**气体！**

气体袭击

　　一位名叫扬·范·赫尔蒙特的佛兰芝炼金术士试图制造"空气"，他的玻璃仪器经常破损。由于感到很混乱，所以他用"chaos"来表示，但这个单词在古荷兰语中和"gas"的发音很像。

请不要叫我炼金术士

　　1661年，罗伯特·波义耳出版了《**怀疑派化学家**》一书，其中对元素进行了定义：元素是一种不可分割的物质存在。人们开始怀疑古希腊人提出的元素理论，化学也被作为一门学科而建立起来。通过从单词"Alchemy"中除掉"Al"，化学家们告别了过去。

普利斯特列给勇敢的客人提供了一杯他新制作的冒着气泡的饮料，得到认可，后来更名为苏打水，在欧洲流行一时。

普利斯特列的装置

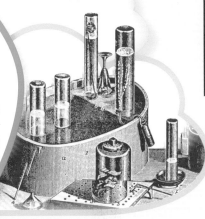

大量的气体

1774年，热情的实验者约瑟夫·普利斯特列发现了氧气，他把它命名为"脱燃素气（dephlogisticated air）"。普利斯特列还发现了另外八种气体，由此证明以前所说的世界上只有一种气体的观点是错误的。处理气体是一种挑战，因此普利斯特列发明了一种在水下收集气体的装置。二氧化碳就是他用这种装置收集起来的一种气体，后来他还用二氧化碳制成了苏打水。

好大的口气

德国化学家乔治·斯塔尔提出了一个理论：一种物质燃烧时，会释放出一种无色、无味、无重量的物质，称为"燃素"。斯塔尔认为可燃烧的物质含有燃素，但它燃烧后就变成了不含燃素的物质。

在法国大革命时期，安东尼·拉瓦锡被送上了断头台。

1702年　1774年　1779年

尽管波义耳试图炼制出黄金，但是他以科学的态度工作，以清晰、合乎逻辑的方式进行实验，这本身就是一次革命。

现代化学之父

安东尼·拉瓦锡是一位富有的法国科学家。他是当之无愧的化学学科创始人。这里仅讲述他众多成就中的几项：他为氧命名，并提出燃烧中必须有氧参与；他推翻了广为流传但错误的燃素理论，并且最终结束了存在几千年的古希腊元素论；他也为氢命名，同时增加了一些元素，**并为当时所知道的所有元素做了一个相当准确的顺序列表**（当时列表中的元素达33个之多，尽管有些是错的）。可悲的是，他没有得到善终，正如当时他的一位同行所说的："仅仅一分钟就失去了他的头颅，恐怕今后几百年上帝也不会再给我们一颗这样的脑袋了。"

你们都干了些**什么？**

这就是**电**！

什么是 *原子*？

亲爱的，那是最基本的……

尽管英国人**约翰·道尔顿**是一个笨拙的实验者，而且还是色盲，但是他却用自制的怪异装置进行实验，并于1803年提出了具有革命性的原子理论。**请看右边：**

我是一个氢原子。

1.元素是由称为"原子"的微小颗粒组成的。

1803年　　　　　　　**1807年**

是该用电的时候了。

当有可燃气体接近全灯的时候，安全灯就发出刺眼的光芒，以警告矿工们应该撤离了。

发明安全灯的天才

英国化学家汉弗莱·戴维爵士，除了热衷于研究"笑气"的麻醉作用（这是他的一个小小的习惯），还是第一个利用电来分离元素的人，这个过程现在被称为电解。他利用1800年才发明的电池来完成自己巧妙的实验，在他的其他成就中，为矿工发明的安全灯也是非常有名的。

从18世纪开始，化学家发现了一个新玩意儿——电！电能帮助化学家把物质分解开，从而分离出元素。

我非常轻。

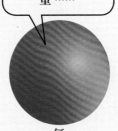

我是氧原子，我比氢原子重……

氧

但是我们是好朋友，两个氢原子和一个氧原子结合生成水分子。

氢 氧 氢

热

2. 一种元素中的所有原子都是相同的，每一种元素都有自己独特的原子量。

3. 一种元素的原子不同于其他任何一种元素的原子。

4. 一种元素的原子可以和其他元素的原子结合起来构成化合物。

5. 化学反应（如发热）会改变原子的组合方式。

1828年

弗兰肯斯坦

1818年，玛丽·雪莱出版了一本名为《弗兰肯斯坦》的书，其灵感来自化学家和炼金术士的实验和新发现。该书讲述了一个名叫维克托·弗兰肯斯坦的人利用尸体的器官造出了一个人，并用闪电将其激活，可是他造出来的是一个恶魔，最终把维克托本人置于死地。

给定一些术语

瑞典化学家雅各布·贝采里乌斯可以说是电化学的鼻祖，他测算出了当时已知的所有元素的原子量，还创建了一个化学符号书写体系，这样我们就可以轻松地书写化学方程式了，化学终于有了它自己的语言。

氧 ＋ 氢 ＋ 氢 → 水
O　　H　　H　　H_2O

《弗兰肯斯坦》这本书开创了科幻小说的先河。

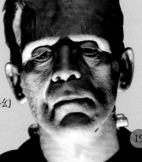

元素的组成

从无序中寻找规律，这是科学家的工作，元素需要排列成有序的状态。

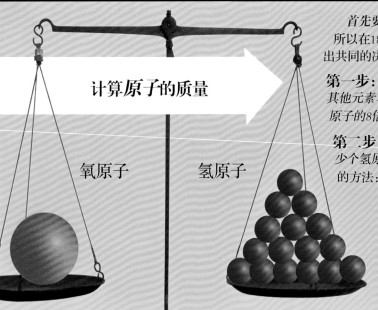

计算原子的质量

氧原子   氢原子

首先要解决的问题就是如何来衡量原子的质量。

所以在1860年早期的一次化学大会上，与会者为此作出共同的决定：

第一步： 将最轻的元素——氢原子的质量设定为1，其他元素与氢比较，就是说，如果一种原子质量是氢原子的8倍，那么这种原子的质量就是8；

第二步： 将这个数量（对氧原子来说就是8）乘以多少个氢原子可以被结合使用，这就是发现氧原子质量的方法：

$$8 \times 2 = 16$$

氧元素的重量是氢的8倍，每个氧原子可以和两个氢原子结合生成水（H_2O），因此氧原子的原子量就是16。

1817年

将锂和钾的原子量之和除以2就是钠原子的原子量。

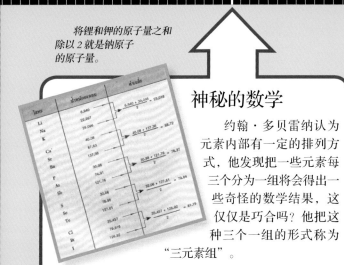

神秘的数学

约翰·多贝雷纳认为元素内部有一定的排列方式，他发现把一些元素每三个分为一组将会得出一些奇怪的数学结果，这仅仅是巧合吗？他把这种三个一组的形式称为"三元素组"。

1862年

这就是地螺旋，其实也不是很好记。

"弯曲的香肠"

元素周期表（见第26~27页）之父据说是法国化学家尚图瓦，他的"弯曲的香肠"图式显示化学元素是按一定的规律出现的（你可以认为这是周期性），然而这个图式太过复杂和深奥，所以没能得到实际的应用。

预测未来

仔细看看门捷列夫的手稿，你会发现他留下的问号标记。门捷列夫清楚地知道还有许多元素有待发现，这样才能完成他的元素拼图。同时门捷列夫预测了这些元素的原子量和它们的化学性质，当一些缺失的化学元素被发现后，门捷列夫的天才能力亦得到了世人的认可。门捷列夫把组成宇宙的要素进行了分类。

有一种说法是，门捷列夫的周期表构思来源于梦中的纸牌游戏。

令人惊叹的门捷列夫
（和他坚韧不拔的母亲）

德米特里·门捷列夫，1834年出生于俄国的西伯利亚，是家中14个孩子里面最小的一个。他的母亲认为这个最小的孩子非常聪明，很有天赋，因此她带着小门捷列夫连走带搭车地跋涉了1500多千米来到圣彼得堡，准备在那里的大学进行深造。十天后门捷列夫被录取了，而他的母亲却永远地闭上了眼睛。她留给儿子最后的话是："注重多实践，少空谈，坚持不懈，持之以恒地追求神圣的科学真理。"门捷列夫没有辜负母亲的期望，把母亲的教诲当作座右铭。在1869年，也就是他35岁那年，他把当时已知的63个元素加以整理后制成了第一个元素周期表。

门捷列夫元素周期表的第一份草稿

1864年　1869年

我是胜利者吗？

比赛开始了！

其他化学家接过了接力棒，1864年，尤利乌斯·迈耶尔根据原子量制成了一个化学元素周期表，这个表表明了化学元素的物理性质是周期性地出现的。他的工作很优秀，可是他最终又被后人所超越。

我有一个梦想……

强大的物质

看不见的射线

当**威廉·伦琴**把一管能发出荧光的矿物质用厚厚的黑纸包裹起来后，他意外地发现一束绿光透过黑纸射了出来，也就是说，由矿物质发出的不可见光以莫名的方式穿透了纸张，同时他发现这些光线也能穿透人体组织，而使骨骼变得清晰可见，由此，伦琴发现了**X射线**。

伦琴第一批X光照片中的一张：他妻子的手，无名指上的戒指清晰可见。

1895年　　　　　　　　**1896**年

哎哟，不得了，我发现了*放射性*

亨利·贝克勒尔在研究含铀矿物时也有了意外发现。他把一块 **铀矿石** 放在用避光纸包好的底片上，结果，底片上显现出了铀矿石的影像，这是怎么回事？铀矿石上有东西出来了，皮埃尔和玛丽·居里后来将其命名为放射性。

荧光矿物质

放射性的发现是个偶然，从那以后，发现更多元素仅仅是个时间的问题。

团队工作

　　皮埃尔·居里和玛丽·居里这个夫妻团队确信在沥青铀矿中含有一种新的放射性物质。但是沥青铀矿中含有多达30种不同的元素找出它的难度不亚于大海捞针。他们在阴冷、设备简陋的工作室里工作了四年，发现了两种元素：钋和镭。钋是以玛丽的祖国波兰来命名的，而镭则是因为它有很强的放射性而得名。

沥青铀矿

由于其出色的工作，居里夫人获得了1903年的诺贝尔奖。

1898年

危险！

　　玛丽·居里的丈夫在一次交通事故中去世，之后她继续坚持放射性元素的研究。由于不知道放射性物质的危害，居里夫人把装有放射性物质的试管放在口袋中随身携带，她喜欢放射性物质所发出的蓝绿色的光。居里夫人于1934年逝世，死于白血病，这很可能是长期暴露在射线下的后果。她死后被安葬在巴黎她丈夫的墓旁。

走进原子核

现代科学认为

到了20世纪，科学家开始研究原子内部有些什么东西。不久之后，这个问题就有了答案，在原子内部还有许多更小的、不同形式、不同性质的物质存在。

● 原子里带正电荷的物质叫质子。

● 原子里带负电荷的物质叫电子。

● 通常情况下，原子中带正电的质子和带负电的电子数量是相等的。

但是，原子究竟是什么样的呢？

电子绕原子核运动

1904年　　　　1911年

葡萄干蛋糕模型

约瑟夫·约翰·汤姆逊认为原子就像一个极小的圣诞节葡萄干蛋糕，他认为负电荷就像葡萄干嵌入带正电荷的布丁。

小太阳系模型

欧内斯特·卢瑟福认为原子有一个带正电的高密度的原子核，带负电的电子绕着原子核高速运动。这一理论使得他成为世界上首位"原子核"科学家。

原子看起来是这样的。

原子核中的质子和中子

这个时候，科学家已经有能力计算出一个原子里的质子数目，这给了每种元素一个唯一的**原子序数**。

查德威克的工具箱

吉米中子

詹姆斯·查德威克发现了中子，因此得到了一个好听的绰号——"吉米中子"。中子是原子核中不带电的部分，它的发现直接导致了原子弹的诞生。他曾说过："当我意识到原子弹不仅是可能的，而且是不可避免的时候，我不得不借助安眠药来入睡，这是唯一的方法。"

1913年　1932年　1940年

迷你行星

尼尔斯·玻尔把原子描述成一个太阳系，就像行星绕太阳运行一样，电子在不同能级的轨道中围绕原子核运行。离原子核越近，电子的能量越低，离原子核较远的电子有较多的能量。

钠原子的外层轨道

发挥创意

格林·西博格是一位美国原子能科学家，他与人合作，利用核反应创造了十种新元素。由于在这一工作中的巨大影响，他把自己的地址写入了这些元素名中：
镭（Seaborgium，Sg）、铹（Lawrencium，Lr，代表他在劳伦斯伯克利的实验室）、锫（Berkelium，Bk）、锎（Californium，Cf）、镅（Americium，Am）。

元素周期表

每一个横行被称为一个元素周期

这里所展示的就是元素周期表了。今天我们所看到的元素周期表是许多人穷其一生的研究结果。假如这些元素能开口说话，它们就能讲述各自独特的"发现故事"。这张表不仅代表了化学的发展史，更代表了整个宇宙的组成部分——所有的一切都在这张表中。

钨在5700℃下沸腾，变成气体。

金在1064℃下熔化，由固体变成液体。

水银在-39℃下熔化成液体。

氦在-269℃下沸腾，由液体变成气体。

IA	IIA	IIIB	IVB	VB	VIB	VIIB		VIII	
H 氢 1									
Li 锂 3	Be 铍 4								
Na 钠 11	Mg 镁 12								
K 钾 19	Ca 钙 20	Sc 钪 21	Ti 钛 22	V 钒 23	Cr 铬 24	Mn 锰 25	FE 铁 26	Co 钴 27	
Rb 铷 37	Sr 锶 38	Y 钇 39	Zr 锆 40	Nb 铌 41	Mo 钼 42	Tc 锝 43	Ru 钌 44	Rh 铑 45	
Cs 铯 55	Ba 钡 56	镧系 57-71	Hf 铪 72	Ta 钽 73	W 钨 74	Re 铼 75	Os 锇 76	Ir 铱 77	
Fr 钫 87	Ra 镭 88	锕系	Rf 𬬻 104	Db 𬭊 105	Sg 𬭳 106	Bh 𬭛 107	Hs 𬭶 108	Mt 𫓧 109	

每一纵列是一个元素组，或者叫元素族，一些族有非常相似的性质，比如它们的外观和特性，也有一些族的共性比较少。

| La 镧 57 | Ce 铈 58 | Pr 镨 59 | Nd 钕 60 | Pm 钷 61 | Sm 钐 62 |
| Ac 锕 | Th 钍 | Pa 镤 | U 铀 | Np 镎 | Pu 钚 |

温度
每种元素的单质都有它自己的沸点和熔点，当温度改变时，它们会在固态、液态和气态之间相互转化。

科学家发现了重元素，并开始"创造"出更多的元素。格林·西博格建议把镧系和锕系元素拿出来放在表下面单独列出。

关键词

碱金属：这些银色的金属非常活泼。

碱土金属：这些有光泽的银白色金属很活泼。

过渡金属：绝大多数坚硬且具有高沸点和高熔点。

这里"活泼"的意思是指元素单质能够迅速和其他物质发生反应。

镧系元素：大多数是柔软而有光泽的银白色金属。

锕系元素：放射性重元素。

贫金属：较软且金属性较弱的金属。

非金属：大多数在室温下是气体，改变气压和温度就能很容易地将它们变成固体。

卤素：这些非金属非常活泼，且有害。

惰性气体：这些非金属是所有元素中活性最低的。

Kr — 元素符号
氪 — 元素名称
36 — 元素序数

"元素序数"是指元素的每个原子中所含的质子数量。元素序数越大，元素越"重"。

爱因斯坦

0

He
氦
2

牙膏中的氟（F）能起到坚固牙釉质的作用。

金（Au）和银（Ag）常用来制作首饰。

ⅢA	ⅣA	ⅤA	ⅥA	ⅦA
B 硼 5	C 碳 6	N 氮 7	O 氧 8	F 氟 9	Ne 氖 10
Al 铝 13	Si 硅 14	P 磷 15	S 硫 16	Cl 氯 17	Ar 氩 18

IB	ⅡB

Ni 镍 28	Cu 铜 29	Zn 锌 30	Ga 镓 31	Ge 锗 32	As 砷 33	Se 硒 34	Br 溴 35	Kr 氪 36
Pd 钯 46	Ag 银 47	Cd 镉 48	In 铟 49	Sn 锡 50	Sb 锑 51	Te 碲 52	I 碘 53	Xe 氙 54
Pt 铂 78	Au 金 79	Hg 汞 80	Tl 铊 81	Pb 铅 82	Bi 铋 83	Po 钋 84	At 砹 85	Rn 氡 86
Ds 鿏 110	Rg 𫓧 111	Cn 鎶 112	Nh 鉨 113	Fl 鈇 114	Mc 鏌 115	Lv 鉝 116	Ts 鿬 117	Og 鿫 118

| Eu 铕 63 | Gd 钆 64 | Tb 铽 65 | Dy 镝 66 | Ho 钬 67 | Er 铒 68 | Tm 铥 69 | Yb 镱 70 | Lu 镥 71 |
| Am 镅 95 | Cm 锔 96 | Bk 锫 97 | Cf 锎 98 | Es 锿 99 | Fm 镄 100 | Md 钔 101 | No 锘 102 | Lr 铹 103 |

有些元素是以著名科学家的名字命名的。

我们都是星尘

> 你是一颗星星！
> 不，确切地说，你是星尘。
>
> ……至少曾经是。
> 大多数元素都是在太空中的恒星内部形成的，
> 而我们都由元素组成，因此可以说：
> 我们来自宇宙；
> 我们都是星尘。
>
> 不只我们，
> 狗、猫、桥梁、山脉，
> 还有植物、水、空气，以及……
> **所有的一切**
> **都来自宇宙。**

我是
一只
宇宙狗。

创造

一切都始于130亿年前，
宇宙的大爆炸开始之时……

超新星！爆发

1 恒星诞生在巨大的氢原子团中，恒星通过氢的核聚变来供能，在1000万摄氏度的高温下，核聚变的氢形成氦核。一旦多数的氢用尽，恒星就开始冷却，核心开始崩塌，这个过程将会产生巨大的热。膨胀的恒星以1亿摄氏度的高温将氦原子融合；形成碳、氧、氖原子，随着恒星越来越热，这些元素又融合形成新的元素，这个过程被不断地重复着。

2 这个过程一直持续到恒星核心温度到达约30亿摄氏度，在这个温度下，铁元素形成，并且不再产生热，更重的元素（一直到铋）是在恒星的外边缘产生的。一旦燃料燃尽，恒星内核就会完全坍塌，形成巨大的超新星爆发，这时候产生的大量的热将已经存在的元素熔合，形成所有更重的元素（一直到铀）。

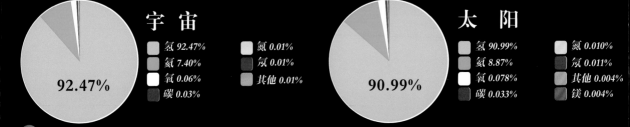

元素的丰度： 估计的原子百分比

宇宙

92.47%

- 氢 92.47%
- 氦 7.40%
- 氧 0.06%
- 碳 0.03%
- 氖 0.01%
- 氮 0.01%
- 其他 0.01%

太阳

90.99%

- 氢 90.99%
- 氦 8.87%
- 氧 0.078%
- 碳 0.033%
- 氮 0.010%
- 氖 0.011%
- 其他 0.004%
- 镁 0.004%

元素

氢、氦、氚和锂是最初存在的元素。其他的自然元素是在恒星内产生的。

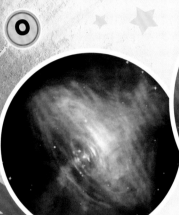

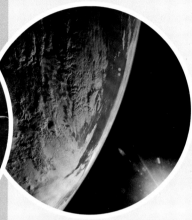

3 这次终结恒星生命的大爆炸，将所有元素都散射到太空中去，这些元素以星尘和旋涡状碎片的形式散布。爆炸的力量可以使其他的氢云坍缩形成新的恒星。

4 50亿年以前，在一次超新星爆炸产生的星尘云团中，我们的太阳诞生了，旋转的元素碎片相互撞击，形成了我们太阳系中的行星。

5 氢、碳、氮和氧——仅仅四种元素，组成了地球所有生命总质量的95%以上，它们是宇宙中含量最丰富的六种元素中的四种。如果有某个其他地方，这四种元素也这样丰富，那么就有可能存在生命。

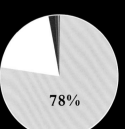

地球大气层

78%

- 氮 78%
- 氧 21%
- 氩 0.93%
- 碳 0.03%
- 氖 0.0018%
- 氦 0.00052%

人类

61%

- 氢 61%
- 氧 26%
- 碳 10.5%
- 氮 2.4%
- 钙 0.23%
- 硫 0.13%
- 磷 0.13%

氢

1号元素!

第一个出现的**元素**。

恒星是通过燃烧氢来获得能量的。

氢是最轻的元素，甚至比空气还轻。如果没有和地球上其他元素结合，它就会逃逸到宇宙中去。

水，到处都是水

氢（Hydrogen）的命名源于希腊语中的"hydor"和"genes"，原意是"水形成物"，在地球上氢主要是和氧结合形成水。

氢在宇宙中占所有原子的 92%，

氢气是高度易燃的无色无味的气体。

　它主要由甲烷产生——也就是通过管道输送到我们家中的那种常用气体。

燃烧液氢和液氧的混合物推动火箭进入太空。

　氢气可能成为未来的清洁、无污染的燃料。一些小汽车和公交车已经由氢供能了，氢气来源于水，在氧气中燃烧后又转化成水（记住水是由一个氧原子和两个氢原子组成的）。没有令人作呕的无用且难闻的废气从这些汽车中排出，唯一的排放物就是水，多好啊！

并且是恒星最主要的成分。

氦

氦是唯一一种首先发现于太空中的元素。它是宇宙中的第二大元素，也是仅次于氢的第二轻的元素。

新的发现

在1868年的一次日全食期间，天文学家皮埃尔·詹森注意到来自太阳的一条淡黄色光谱线，后来它被确定为一种新的元素。

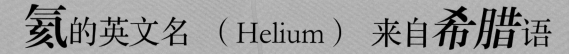

氦的英文名（Helium）来自*希腊*语

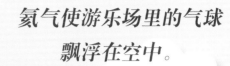

氦气使游乐场里的气球飘浮在空中。

控制火箭

液氦无色并且温度极低。它被用于太空火箭中，在火箭燃料燃烧前保持其稳定。

天然气中的氦气比例最高可达 7%。

冷却剂

液态氦还用于冷却科学实验的电子设备，如人体扫描器和巨型计算机。

深海

深海潜水员在潜艇内呼吸氦气和氧气混合制成的人工大气。

氦气没有气味。

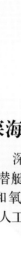

高空

氦气非常轻，所以是提起重物的理想材料，如气象气球、飞艇，甚至是游乐场里的气球。人类提取出的氦气中约有10%用于提升重物。

中的 *"HELIVS"*，意为 *"太阳"*。

在距地面24千米的高空，3个氧原子相互结合形成臭氧。

24千米

臭氧能够吸收太阳光中
的有害紫外线，
从而保护生命。

氧

……等于生命，它是无色无味的，你没法说它是否在那里，但是**没有它，地球上就不会有生命。**

开始

大约38亿年以前，地球上出现了最早的生命。微生物将太阳作为能量来源制造食物，就像现在的植物一样，这个过程产生的废物是氧气。大约10亿年之后，氧气的浓度上升到足以开始改变大气，使之达到我们现在所呼吸的水平，让地球能维持更复杂的生命。植物将氧气释放到空气中，在陆地、河流、湖泊、海洋生活的动物就可以自由地呼吸氧气了。

氧是宇宙中
第三丰富的
元素。

在海平面上，**氧气占空气的21%**。

在飞机飞行期间需要随时监测氧气含量，调节机舱内压力，并在飞机上存储紧急氧气供应。

许多机器都需要氧气……

……才能运转。汽车有一台内燃发动机，用适量的氧气加热适量的燃料，而一台现代喷气发动机每秒可以吸入四个壁球场那么大体积的空气，以获取足够的氧气来与燃料一起燃烧。

如果氧气含量超过 25%，我们将无法生存。

氧占一般人体重的一半以上。

如果氧气含量低于17%，我们将无法生存。

在高海拔地区，氧气会变得稀薄，登山者在攀登更高的地方时，必须逐渐适应氧气含量的变化。潜水者随身携带氧气罐，海水的含氧量约为34%，但人类没有合适的解剖结构来提取它。

氮

我们周围空气的78%都是氮气。

我们每时每刻都在吸入这种看不见的无味气体,虽然氮气对我们毫无用处。但实际上,包括我们在内的一切生命都要用氮来合成蛋白质——构成我们身体细胞的基础。那我们怎样才能获得氮呢?
答案就是
氮循环。

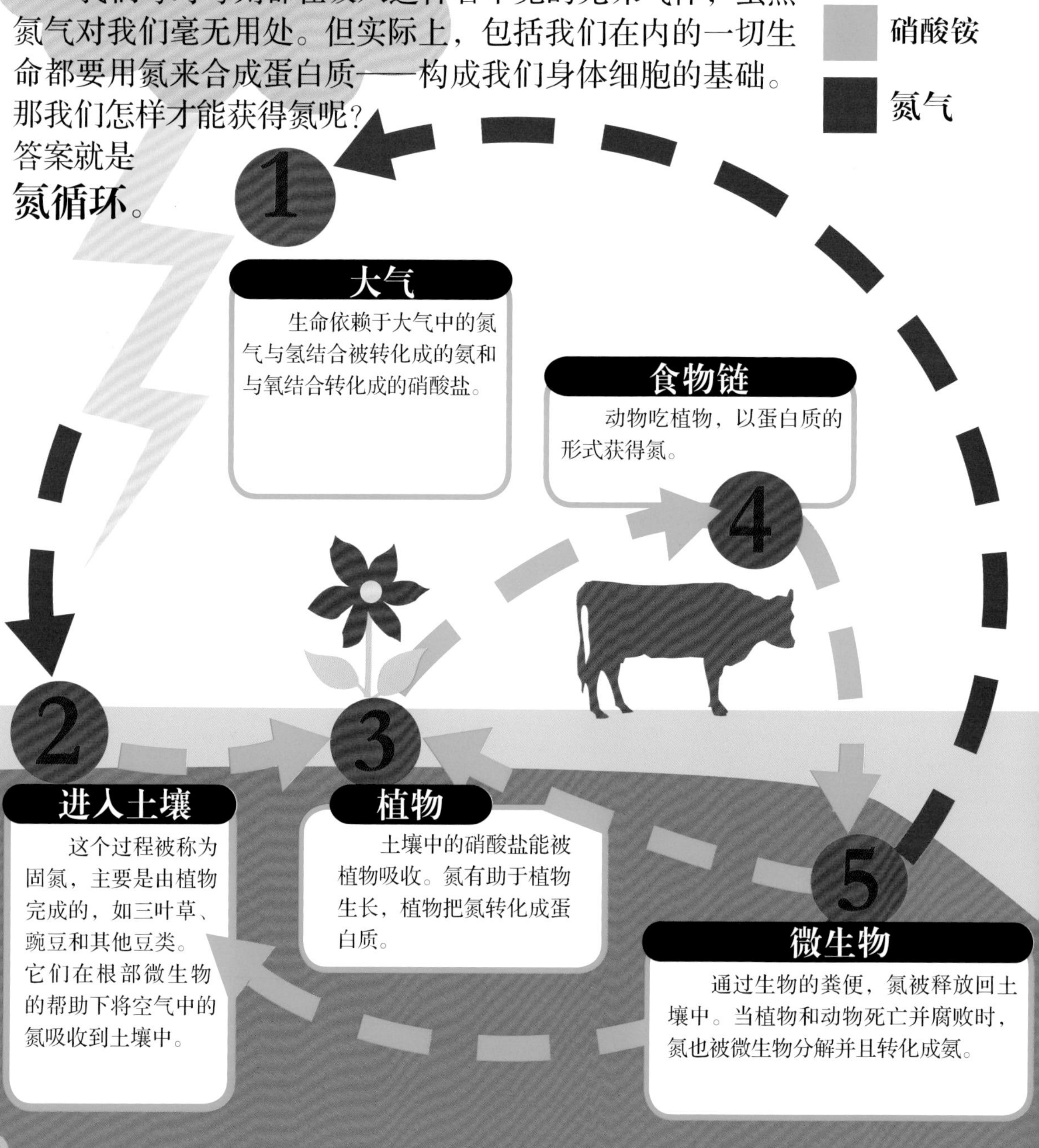

■ 硝酸铵

■ 氮气

① 大气

生命依赖于大气中的氮气与氢结合被转化成的氨和与氧结合转化成的硝酸盐。

食物链

动物吃植物,以蛋白质的形式获得氮。

4

② 进入土壤

这个过程被称为固氮,主要是由植物完成的,如三叶草、豌豆和其他豆类。它们在根部微生物的帮助下将空气中的氮吸收到土壤中。

③ 植物

土壤中的硝酸盐能被植物吸收。氮有助于植物生长,植物把氮转化成蛋白质。

⑤ 微生物

通过生物的粪便,氮被释放回土壤中。当植物和动物死亡并腐败时,氮也被微生物分解并且转化成氨。

氮元素名（Nitrogen）来自希腊语"*NITRON*"和"*GENES*"，原意为"硝石形成物"。**硝石**是*硝酸钾*的旧名。这种元素以硝石闻名，用于制造黑火药。

爆炸！

氮化合物的化学键中储存了大量的能量。当它们恢复为氮气时，会突然而猛烈地释放出这种能量。产生的热量使气体迅速膨胀并爆炸。

我可能会被炸死的！

1867年，瑞典化学家阿尔弗雷德·诺贝尔发明了炸药，这是可控爆炸性氮化合物——硝化甘油比较安全的用法（但仍有危险）。诺贝尔用获得的财富设立了诺贝尔奖，并且每年提供专款。诺贝尔奖是为奖励在六个方面取得伟大成就的人而设立的。

我是诺贝尔奖的那个诺贝尔。

氮在今天仍然是爆炸的关键元素，只是爆炸性能被更具建设性地用于制造汽车安全气囊的膨胀效果中。

肥料

农民想要提高庄稼的产量，于是使用硝酸铵（氮气与氢气、氧气化合）给田地施肥。但是如果使用过多，会污染河流、湖泊和溪流。

适当施肥，别过量！

冷冻

在极低温度下，氮气将变成液态，液氮非常冷，能把许多物质冻成固体并且阻止化学反应的发生。这就是为什么将它用于冷冻血液和保存基因材料。

保鲜

氮气通常是不活泼的气体，氮气原子间可以紧密结合，形成无氧环境。在含氧的空气中，苹果很快就会腐烂，但是在充满氮气的容器中，苹果可完好地保存长达两年。

合成纤维

我们所穿、所坐、所有身上带的东西都可能是由人造材料制成的。其中许多化学物质，如塑料聚氨酯和尼龙，都是由氮和氧基团连接在一起的碳原子长链组成的。

碳

是一种"友好"的元素，它能与自身结合，形成闪耀的钻石和乌黑的煤，也能与其他元素结合，形成一千多万种化合物。

金刚石中的碳原子连接在一起形成坚硬的笼状结构。

石墨中的碳原子像纸一样叠在一起，这使石墨成为一种柔软得多的物质。

从最硬到最软

钻石	焦炭	木炭	炭黑	石墨

"冰"
冰冷且坚硬的钻石是地球上最硬的天然物质。开采出来的钻石仅有20%变成了珠宝。

燃料
焦炭是一种坚硬的、灰色的、多孔的、加热过的煤的残留物。它是制造钢铁的气流熔炉的理想燃料。

过滤器
木炭是树木或骨头部分燃烧后剩下的细小、黑色的物质。它用于提炼糖、净化水和空气的过滤器。

填充物
炭黑是燃烧天然气产生的细粉，存在于用于印刷的油墨中，也被添加到橡胶中，来制作坚固的轮胎。

"铅"
石墨又薄又滑，是一种柔软的天然物质，用于制作铅笔和润滑油——可以润滑吱吱作响的锁。

你能减少你的碳足迹吗？

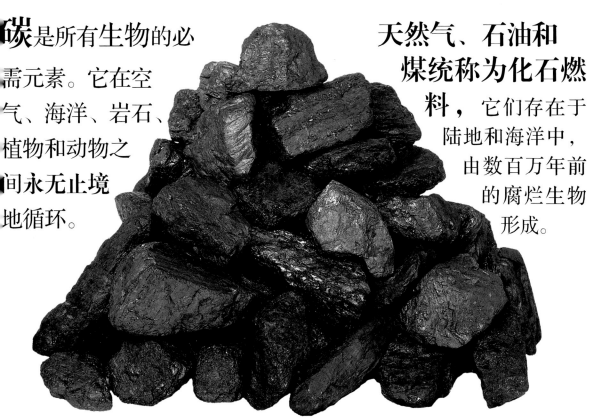

碳是所有生物的必需元素。它在空气、海洋、岩石、植物和动物之间永无止境地循环。

天然气、石油和煤统称为化石燃料，它们存在于陆地和海洋中，由数百万年前的腐烂生物形成。

25亿年，从植物到煤。

在强大的压力下，植物变成化石，也就是煤。

碳循环

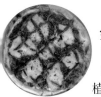

我们吸入空气，将氧气吸入体内，呼出二氧化碳。植物吸收二氧化碳并利用它来制造食物和生长。我们吃的大部分食物都是碳化合物。

碳定年法

由木头、肉和骨骼留下的远古遗迹的年代可以通过分析其中放射性碳的含量来测定。

碳基生命

你的大部分是由碳构成的。你身体中大部分的物质，包括DNA，都是由碳化合物构成的。大多数人体内含有约16千克的碳。

树木或化石燃料燃烧时，就会产生二氧化碳。"碳足迹"是用来测量我们在旅行和能源使用过程中所产生的二氧化碳的指标。

怎样制作一条狗？

假设你能制造一条有生命的狗！为了达到这个目的，你需要的元素种类占自然界所有元素的1/4——和构成你的元素一样。

碳

18.5%

碳是构成所有生命的基本元素。

1%

磷

狗的DNA中存在少量的磷，这使它的牙齿和骨骼更坚固。

镁

少量的镁使狗的骨头更坚硬。

硫

在狗的毛发、趾甲和皮肤中存在着少量的硫。

1.5%

钙

钙有助于狗的骨头更坚硬。

痕量铁

铁在狗的红细胞中运输氧。

想制造大象？

扔进去……

微量的钾是肌肉、神经反射和冲动所必需的。

氧
65%

大量氧是维持生命所必需的，特别是维持狗的大脑的正常运作。

钾

痕量碘

狗有两种必要的激素需要碘来合成。

痕量锰

水

氢

9.5%

氢和氧组成的水占狗体重的60%～80%，水是身体机能正常运作所必需的。

狗体内的大部分氢都以水的形式存在，但它在狗的DNA中也起着重要作用。

钠

钠和氯形成盐。为了拥有健康的心脏，狗只需要很少量的盐。

痕量氯

痕量氟

氮
3.3%

氮存在于狗的DNA中，是构成狗所有细胞的基本元素。

为了健康，还需要加一点其他元素。

你需要一个更大的碗。

你喝的水中

2个氢原子和1个氧原子构成1个水分子。但在我们喝的水中，它们不是仅有的元素。

雨水在它的旅行中会吸收各种元素。

钙

镁

碳

硅

硫

甘甜的水

当水以雨的形式落下时，就是我们能饮用的淡水。但是，雨水渗入地下时，会吸收岩石中的化学元素。岩石中的不同矿物赋予水不同的味道。

打开苏打水时，二氧化碳就会从这种冒泡饮料中释放出来。

溶解的元素

在世界各地，饮用水都取自人工水井、水库、钻井或地下水源的泉水。地层岩石中的矿物质盐类早已溶解在供水系统中了。

地球上 97.5% 的水不能直接饮用！

有什么？

瓶装水

当你喝瓶装水时，可以看一下标签。虽然你看不见水中的元素，但它们确实存在于水中。

泉水的成分
单位：毫克/升

钙：78

镁：24

钠：5

钾：1

碳酸氢盐：357

硫酸盐：10

氯化物：4.5

硝酸盐：3.8

二氧化硅：13.5

内容物可能有所不同

自来水

我们打开水龙头时流出来的水已经经历过漫长的旅途了。这些水来自地下水源或水库，经过净化去除污物和细菌，然后消毒。不过许多元素仍然存在，包括：

钙和镁

如果这些元素大量存在，则称为硬水。

钠

这种元素存在于软水中。

氟

这种元素能预防蛀牙，但是太多反而有害健康。

铝

在水的纯化过程中，铝能使有害固体分离出来。

铁

令人不愉快的红棕色说明水中存在不能溶解的铁。

硫

无害的嗜硫细菌使水发臭。

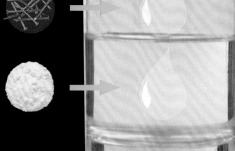

油性鱼

碘的需求量很小。它存在于海产品、乳制品和加碘食盐中。

吃掉你

我们吃的每顿饭都含有不同元素的痕迹

你可能知道你吃的食物中含有蛋白质、**碳水化合物、脂肪和纤维**，但是你知道它们是碳、氢、氧和氮的化合物吗？在食物中还有许多其他元素可以让我们的身体保持健康。

痕量

碘 黑色晶体

10毫克/天

锌 灰蓝色金属

磷是每天都必不可少的，面包是其重要来源。

全麦面包

锌存在于葵花籽、全麦面包、海鲜、牛肉和羊肉中。

镁 银白色金属

400毫克/天

葵花籽

西蓝花

镁存在于乳制品、种子、干果和蔬菜中。

杏脯

的元素！

们需要它们来维持健康（一般成人所需的量）。

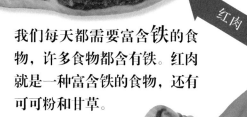

红肉

我们每天都需要富含**铁**的食物，许多食物都含有铁。红肉就是一种富含铁的食物，还有可可粉和甘草。

避免食用太多的盐。

盐

铁 银色金属

1 克/天

钙
银色
软金属

钙在一个成年人身体中约占1千克的重量。乳制品、坚果和种子、沙丁鱼、蛋黄都是良好的钙源。

4 克/天

钾
银白色金属

香蕉

奶酪

钾存在于香蕉、葡萄干和杏仁中。

硒 银色金属

65 毫克/天

硒含量最高的食物是坚果和早餐麦片。

牙膏和自来水是**氟**的两种主要来源。

牙膏

巴西坚果

微量的**铜、锰、铬**和**钴**也是必需的。

钠是有银白色光泽的软金属，
用小刀就能很容易切割，
化学性质非常活泼。
在盐类化合物中，
钠非常常见。

罗马士兵用盐来支

自古以来，盐就意味着财富和权力。盐能够用于保存食物，这让军队和贸易商能够长途跋涉。词语"薪水"（salary）来源于付给罗马士兵的酬劳，让他们能够去买所需的盐。

我们吃的许多食物里都有盐，比如薯片。

食品业用盐为食物保存和调味。

钠对于我们来说是必需的，它使我们的神经和肌肉能正常工作。

摄入盐分过多会导致高血压，过少会导致抽筋。

我们比你们有更充足的盐的供给，我们将会变得富有而强大，你们的帝国将会衰落。

我们破坏了你们的盐供应，你们将会被打败的。

薯片的成分

干燥的土豆、食用油、玉米淀粉、小麦粉、调味品和盐。

营养成分表

项目	每100克	GDA*
能量	2211千焦（531千卡）	2000千卡
蛋白质	4.5克	75克
碳水化合物	49克	230克
脂肪	35克	70克
纤维	3.6克	24克
钠	0.67克	2.5克

*成年女子每日摄入参照量

餐桌上的盐是由氯和钠

盐矿

海水含氯和钠，使其有咸味，不能饮用。当海水被太阳的热量蒸发后，盐分会沉淀下来，过一段时间后，盐床被埋于岩石下面，盐就可以开采了。

蒸发的海水留下了大面积的盐沉积，这个地区叫作盐滩。

每年开采2亿吨盐。

盐滩是人们获得盐的另一个来源。

这里有许多盐！

盐贸易

许多港口和城市由于盐贸易而快速发展起来。西非马里的廷巴克图有一个巨大的盐市场，英格兰的利物浦就是因为柴郡盐矿出口而成为一个繁荣的海港。

化合而成的。

其他用途

霓虹灯

满街的霓虹灯中都含有钠，光芒可以穿过雾气。

烘焙

一种被称作碳酸氢钠（小苏打）的化合物常用在烹调食物中，可以产生二氧化碳，使蛋糕更蓬松。

肥皂和清洁剂

钠盐肥皂通常由烧碱制成，用于产生泡沫，去除污垢。

道路除冰

盐能降低水的凝固点。在寒冷的天气，在路面上撒盐可以防止雪或水结冰。

灭火

泡沫灭火剂包含钠盐，它用于产生水流或喷出泡沫的化学过程中。

越来越多的用途

钠的化合物被用于许多行业，如玻璃和染料制造。钠也用于制造汽车安全气囊中的气体。

随着时间的推移，数以亿计的海洋生物生存和死亡。它们充满钙质的尸体被碾碎，形成化石、石灰石和石膏等岩石。这种情况非常普遍，所以钙是目前地壳中第五丰富的元素。

钙

白色峭壁

几十亿年间，海底的生物残骸逐渐形成石灰岩（一种主要由碳酸钙矿物组成的岩石）。一些石灰岩虽然还很软，但由于地壳运动被抬升到海平面以上，形成了山和悬崖——那就是我们发现白垩（石灰岩的一种）的地方。

一种银白色的软金属，在自然界中总是与**其他元素**结合在一起。

有生命的骨骼

钙是人体中最丰富的金属，是组成骨骼和牙齿的主要元素。它有五种重要功能，可以使我们的细胞、肌肉、神经、血液和激素正常工作。我们骨骼中的细胞负责确保我们的血液中有足够的钙来执行所有这些功能。如果血液中的钙含量过低，就会从骨骼中摄取钙，然后在血液中钙含量升高时"送"回骨骼中。

> 钙使我的牙齿和骨骼坚固。

"挖"出洞穴

一些富含钙的岩石，例如石灰石，会溶解在弱酸性的雨水中。经过数百万年，这些水"挖"出了巨大的洞穴，水滴形成钟乳石和石笋。

壮观的珊瑚

生活在温暖浅海中的珊瑚含有钙化合物的晶体。一种叫珊瑚虫的微小动物在珊瑚柔软的身体上以惊人的形状和颜色建造这些垩白的遮盖物。

水垢

含钙的硬水对我们的健康有益，但它会降低肥皂和去垢剂的功效，并沉淀在水壶等容器中。

石头和灰浆

如果没有钙，许多建筑就不会存在。它存在于建造墙体的水泥和材料中。石灰石是优质的建筑石材，而大理石（一种更坚硬的材料）能够制成令人惊叹的建筑，如印度的泰姬陵。

我们骨骼中的细胞不断地被分解和重建。

儿童、孕妇和老年人都需要额外的钙来生长新的骨骼。

奶制品、蛋黄和沙丁鱼都是富含钙的食物。

每年约有2000吨的　金属钙被生产出来，有超过1.2亿吨的石灰石被开采出来。

Mg 镁

原子序数 12 | ⅡA 族 | 碱土金属

镁

一种银白色、有光泽的金属，轻质，有延展性，在空气中燃烧产生耀眼的白光。

地球上第七丰富的元素。

镁是我们身体中含量第四丰富的元素，有三百多种生化过程都需要镁参与。

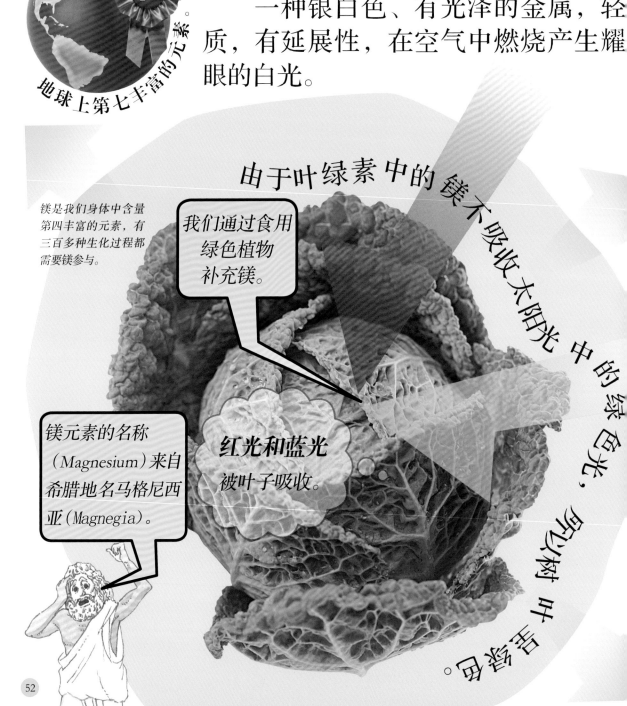

由于叶绿素中的镁不吸收太阳光中的绿色光，所以树叶是绿色的。

我们通过食用绿色植物补充镁。

红光和蓝光被叶子吸收。

镁元素的名称（Magnesium）来自希腊地名马格尼西亚（Magnegia）。

太阳光包括红光、蓝光和绿光。

镇是绿色植物必需的。植物制造食物所需的太阳能由含有镁元素的叶绿素获得。

轻质

镁被用于需要强度高、重量轻的金属的地方，例如直升机旋翼。作为用来制造物品的最轻的金属，它通常需要与另一种金属形成合金，因为它很容易燃烧。

耐用

作为一种轻质耐用的金属，镁用于制造很多日常用品，如割草机、电动工具和照相机的外壳。

高性能

跑车的车轮也可以由镁制成，这些轮子的性能优于较重的钢轮或铝轮。

明亮地燃烧

镁易燃，在第二次世界大战期间被用来制造炸弹，如今，它被用于烟花和安全照明弹的制造。

泻盐（硫酸镁）

1618年，一个农民经过英国的艾普索姆公地，看见口渴的牛却不喝水塘中的水。他发现那水尝起来很苦，但却能治愈皮疹。含镁和硫的水现在被用于治疗消化不良。

回收利用

全球范围内对镁的需求量一直在增加。为了节省资源，一些镁会被回收利用。

它可能对你的身体有益，但是味道很恶心！

Fe 铁

原子序数 26 | Ⅷ 族 | 过渡金属

铁

我们生活在巨大的铁块上——地球的中间几乎都是铁，而且地表也有大量的铁，这对人类来说很方便，因为它有多种用途。

陨石

一些太空岩石主要是由铁构成的。古人用它制造了最初的铁器。

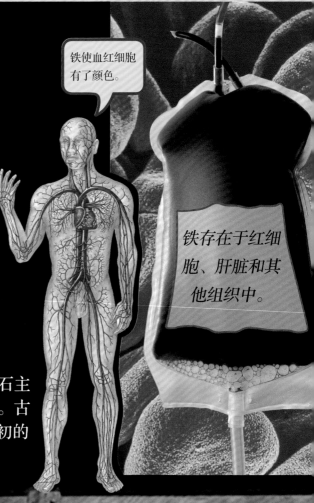

铁使血红细胞有了颜色。

铁存在于红细胞、肝脏和其他组织中。

使火星土壤变红的铁化合物和

铁是一种银白色、柔韧的重金属，和钢一样坚硬。

邮递员

　　我们的身体，尤其是我们的血液需要铁。血液中的铁原子把氧从肺部输送到心脏和大脑，然后把二氧化碳带回肺部呼出，就像小小的邮递员一样。

吃含铁的食物
对身体有好处，
如牛肉。

最常用的金属

　　铁是所有金属中最常用的，因为它非常坚硬。从船体中的钢铁到管道中的铸造铁，再到餐具和锻铁大门中的不锈钢，铁是在你日常生活中看见和使用的许多物品中的主要元素。

观察

丑陋的铁锈

　　当铁与水和氧气接触时就会生锈，这个过程中金属物体被腐蚀。所以，别弄湿你的金属玩具哦。

磁性

　　铁制的东西能被磁石吸引，用磁石可以"捡"起回形针、钉子，甚至面包屑，它们因含有铁原子而变得有磁性。

地球上旧自行车上的铁锈是一样的。

颜色中的元素

雌黄
（含砷和硫）

古埃及人用许多颜色来装饰他们的庙宇和陵墓。他们用的一些矿物质（如雌黄）是有毒的。

青金石
（含钠、铝、硅、氧和氯）

他们创造了第一批使用矿物为原料的人工颜料，如被碾碎制造蓝漆的青金石。

雄黄
（含砷和硫）

为了获得红色颜料，古人把雄黄石碾碎，但是因为雄黄含砷，所以现在不再使用了。

孔雀石
（含铜、碳、氧和氢）

孔雀石被碾碎作为绿色颜料。

你的颜料罐中

铝　　钙　　钛

铁　　氧　　硒

打开颜料罐，你仍会……

钛或锌用于制造白色颜料。

镉、锌和硫用于制造镉黄色。

硅、铝、化铁形……穴居人使……黄色赭石……

铜的化合物用于制造蓝色颜料。

钴和铝可制成钴蓝色。

钴的化合物……制造……颜料……

……成……的。

……啊样料被保存下了所有元素啊……

轻拍一些镉，带上一笔铜，点缀一些钴，加上锌的条纹、

从穴居人用黏土在岩壁上作画开始，艺术家们已经碾碎了无数岩石和矿物来为他们的画上色。为提供最好、最耐久的颜色而进行的搜寻仍在继续。

有什么元素？

碳　　铜　　钴

硅　　硫　　镉　　锌

一些穴居人用过的原始颜料。

化合物产绿色颜料。

铝、硅或氧化铁被穴居人用来制作土绿色。

从穴居人时代开始，氧化铁或氧化锰被用来制造棕色。

硫、硒制造镉红色。

穴居人开始用氧化铁创造金色。

碳、钙和氧化铁使骨头变成黑色颜料。

一些颜料是过去的艺术家使用的，而其中一部分……

古人把辉锑矿碾碎制成黑色颜料，甚至用它画眼线，但锑是有毒的。

辉锑矿
（含锑和硫）

白铅矿
（含铅和碳）

白铅矿曾被碾碎制成白色颜料，但是它含有有毒元素铅，因此已不再被使用。

中世纪的画家用矿物朱砂来制作红色颜料，其中含有有毒元素汞。

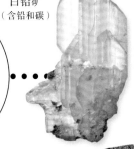

朱砂
（含硫和汞）

中世纪的画家把蓝铜矿碾碎制成另一种蓝色。制作各种颜色需要花费很多时间。

蓝铜矿
（含铜、碳、氧和氢）

钛的提亮、碳的阴影，再加一点硒——一幅杰作诞生了。

爆炸性元素

让我们庆祝吧！元素的各种用途中，没有什么比烟花更能展现出如此壮观的景象了。

紫色：钾

蓝色：铜的化合物

绿色：钡的化合物

白色：镁

橙色：钙的化合物

红色：锶或锂盐

黄色：钠的化合物

特殊效果

某些含钠化合物产生了呼啸声和闪光效果。

为了闪光

豌豆大小的星星

烟花一旦被点燃，就会以精心设计好的顺序在夜幕中绽放。

成分

为了让这些元素表现出多彩的颜色和效果，我们加入了……

氧化剂

含氧的钾化合物能使燃烧更快、温度更高。

金属片

薄薄的小铝片、铁片、铜片、锌片、镁片能增强亮度和闪光的效果。

砰！

为了爆炸

黑火药

点燃外面的引信会引起烟花内部的黑色火药爆炸，并开始向四面八方膨胀。

成分

木炭
（碳）

硫

硝酸钾

作为烟花的燃料，其成分和黑火药一样，但是组成比例不同。

砰！

砰！
砰！

银

这种美*丽而闪亮*的金属总是屈居黄金之后。

银的化学符号是 Ag，来自拉丁文 *argentum*（这个单词在南美洲也用来指阿根廷）。

提炼

以前，银是从其他金属里提炼出来的。首先把金属放入器皿中，然后在强力鼓风加热作用下除去其他金属成分，只留下液态的银球。

磨损的硬币

银币作为一种货币流通了几千年，但是由于它容易磨损，所以很久以前已经不再使用了。

改良银币

在银币中加入一点铜可以让它更坚硬、更耐磨。

锃亮

失去光泽

银能与空气中的硫化物发生反应形成黑色的表层。

银牌
第2名

治疗作用

银能杀死多种细菌和病毒，所以将银颗粒加入治疗外伤的敷料中，能防止感染。

导电性

作为热和电的良导体，银常被应用于电器和电子设备中，来准确地连通和加热电路。

金属光泽

银具有金属光泽，且易塑，所以常被做成珠宝的一部分。为了防止磨损，人们往往在银里面加入一点儿铜（一般来说，银饰中约含有20%的铜）。

漂亮的餐具

在最高级的餐厅里，餐桌上摆放的都是闪闪发光的镀银餐具，服务员用一种特殊的方式送上食物，被称为"银服务"。

的银
闪闪发光
因此，银器需要定期进行清洗。

1克银能被拉制成近2千米长的细丝。

保持清新

银纤维袜子使得脚臭成为历史，因为银能杀死引起汗脚臭味的细菌。

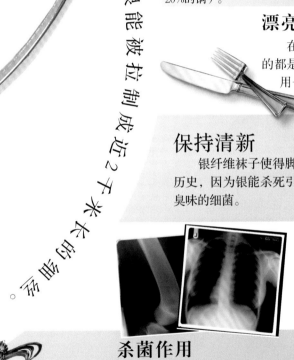

光敏性

有些银盐会与光发生反应，它们被涂在塑料薄膜上，用来制作照片底片和X光片。

杀菌作用

古人发现银盐能杀死水中的细菌，使用于饮用和洗浴的水更安全，所以他们才把银币扔到井水中。

镜子，镜子，告诉我！

是谁让玻璃有了反射性？是银！

金

从史前开始，这种柔软的黄色金属就被售以高价。这是因为它的华丽辉光永不褪色？还是因为它在空气或水中不会被腐蚀？不管什么原因，总之，这种元素令人兴奋。

图坦卡蒙
公元前1341年—公元前1323年

国王的陪葬品

数千年来，黄金制品一直代表着财富和权力。金颗粒或者天然金块是从溪流及河床上筛洗出来的。古埃及人从尼罗河中收集了大量的黄金——足够制造出图坦卡蒙法老陵墓中令人惊奇的黄金工艺品。

我知道了！

叙拉古赫农王让工匠做了一顶纯金的新王冠，但国王疑心金冠不纯，想检验真假，但又不想破坏王冠，所以他请阿基米德来帮他检验——用牙齿咬一下看看是否能在王冠上留下牙印的方法显然是行不通的。

是否是纯金？这是个问题。

阿基米德
公元前287年
—公元前212年

一天，阿基米德去澡堂洗澡。当他坐进澡盆里时，发现水面上升了。"我知道了！"他喊道——他知道怎么去解决这个问题了。他先称了一下王冠的重量，然后把它放进水瓮里，做下标记看看水面上升了多少，接着，他把相同质量的纯金做同样的操作，发现水面上升的比王冠的那次少，这说明王冠不是纯金打造的！金匠承认他掺入了一些银，这样一来就减小了王冠的密度。

不是纯金的！

炼金术

许多早期涉猎化学的人，也就是炼金术士相信，他们可以造出能把铅之类的金属变成金子的"魔法石""贤者之石""哲人之石"……

南极洲的埃里伯斯火山在持续的爆发中喷涌出了黄金粉末。

18K的世界杯纪念币含75%的黄金。

纯金

一个物体的含金量以开（K，Carats）来衡量，纯金为24开。"Carat"一词原本是古代中东商人衡量角豆荚种子或蚕豆种子的单位，14世纪，英国的黄金大厅中首次用这个词来标识贵金属的纯度。因此，"carat"一词在中文中有两种译法，作为质量单位时译为"克拉"，作为纯度单位时译为"开"，也就是我们常说的K。

淘金热

在对黄金的渴望的驱动下，古往今来的人们竭尽全力来获取黄金。16世纪，西班牙的探险家在中美洲和南美洲为此大肆杀戮。19世纪，人们纷纷加入淘金热潮中，梦想通过在溪流中发现黄金而一夜暴富。甚至在今天，南美洲的金矿开采深度仍可达3000米。

金可以用于补牙、制作电路板、人造卫星、硬币及珠宝。

金的化学符号"Au"来自拉丁文"aurum"，意思是"黎明之光"。

金子是延展性最好的金属，可以被压成不可思议的薄片，也就是金箔。一颗米粒大小的金块可以覆盖1平方米的面积！它的用途非常广泛，包括覆盖装饰品和装饰建筑物。

家中的

家庭指南

从墙到窗户，从窗帘到实木柜，我们家中
为什么这些元素对我们如此有用？

电子产品

打开、启动、输入文字、向下滚动、点击发送……是什么元素给了我们指尖这些能力？

- **半导体**：控制电流的半导体是电子产品的核心元件，比如硅。

- **电路开关**：导体元素层（如铜、银、金）可以选择接通或断开电流。

- **图像生成器**：除了屏幕上的玻璃（硅和其他元素）外，还有由不同颜色组成的发光二极管（LED），发出不同的颜色。铝、镓和砷会产生红色，镓和磷会产生黄色和绿色。

- **轻巧坚固**：铝或钢（铁）很适合用于保护内部的组件。

代表元素：   硅 铜 银 铕

必需品

我们利用各种元素来完成各项日常工作。

- **电源**：可充电电池由镍制成，家用电源由铜线制成。

- **耐用品**：由铁、碳、铬、镍组成的不锈钢用于制造锅和餐具。

- **安全装置**：镅被用在烟雾探测器上。

代表元素：

镍 铜 铁
碳 铬 镅

建材

在砖块、水泥、管道、电缆、窗户、门、瓦片、地面中都有些什么呢？

- **坚固耐用**：由钙、硫和氧组成的石膏岩造出了墙和屋顶。

- **导热性**：铜或者聚氯乙烯（含氯化合物）用于制作水的管路，前者帮助热交换，后者能够隔热，帮助我们控制热水和冷水的温度。

- **保温物**：玻璃窗（含有钙和硅）间的氩氮气体能阻止热量的散失。

- **防水**：高岭土（含有铝、硅和氧）用于陶瓷管、厕所和地面的建造。

代表元素：   钙 硫 铜 氯 氩 铝

64

元 素

家 所有物品都是由一样或几样**元素**组成的，

清洁剂

没有清洁剂的帮助，我们刷盘子、洗衣服、洗脏手、给天花板和厕所消毒将会变得很困难。

● 杀菌：消毒用的含氯漂白剂能杀死对我们有害的病毒和细菌，并使白色衣物保持洁白。

● 清洗：钠盐可以制成去除顽固油脂的肥皂，而钾盐可以制成适合洗手的洗手液。

代表元素： 氯 钠 钾 氢

医疗物品 ✚

打开急救箱，可以发现一些有治疗作用的元素，它们能治愈我们的伤口、瘀青、疼痛及令人难受的腹泻，杀死令人讨厌的病毒。

● 抗生素：青霉素（含有硫）是众多有杀菌作用药物中的一种。

● 润肤露：锌软膏能缓解对皮肤的刺激。

● 泻药：镁元素能缓解消化不良。

代表元素：硫 锌 镁 钙 氧

电器用具 ◎

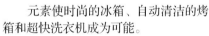

元素使时尚的冰箱、自动清洁的烤箱和超快洗衣机成为可能。

● 风格：耐用的亮白表面是一层无毒的钛化合物。

● 加热：即使在红热状态下，镍铬合金也不会损坏，所以被用在烤面包机和烤箱里。

● 自动清洁：烤箱壁上涂着一种由铈化合物制成的涂层，能防止油烟的积累。

代表元素： 锑 镍 铬 铈

沙子

将一堆沙子（硅）、石灰（钙）和苏打粉（碳、钠）混合，高温加热。

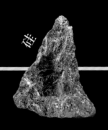

硅

空气

收集一些空气，把它冷却到-186℃，从中提取液态氩。

岩石

朱砂

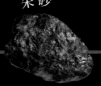

把朱砂碾碎放入窑中加热到593℃，就会释放出汞，然后再将窑冷却后收集汞。

灯光中的元素

我们现在使用的日光灯耐用且节能。这是为什么呢？因为所使用的元素都经过特别挑选，可以把电能高效地转化成光能。

用苛性钠处理独居石。去除稀土金属，通过水层和油层过滤60次以上。

独居石

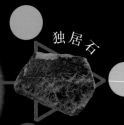

稀土元素是指能发蓝光的铕，能发绿光的镧、铈和铽，发红光的镱和铥。

少种元素？许多，许多！制造一个灯泡需要多

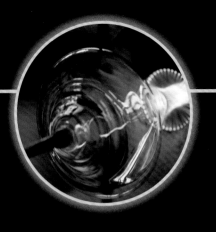

玻璃

玻璃灯泡

当熔化的液体冷却下来，就形成了玻璃，我们需要把玻璃吹成灯泡的形状。

稳定剂

将稳定、无色的氩气注入灯泡中。氩气能使灯泡更容易发光，因为它不会和灯泡中的其他元素发生反应。

汞

能量

在灯泡中注入一点汞，电能将汞气化并释放出紫外线（一种不可见光），从而激发含磷光体发光。

白光

在灯泡的内表面涂上三色磷光体（稀土元素化合物），在紫外线的激发下能发出荧光，这三种颜色的荧光混合在一起就形成了白光。

有毒的

和这些臭名昭著的元素

接触某些元素可能会引起大笑、发疯、疼痛、呕吐、脱发、麻痹甚至死亡。

> 我感到沮丧。

锑

作曲家莫扎特在35岁时英年早逝。现在认为，他的早逝是由锑化合物引起的。为了治疗抑郁症，医生给他开了大量含有锑化合物的药品。

> 这种绿色的装饰让我觉得恶心。

砷

历史上，法国统治者拿破仑可能是由于吸入了家中墙上绿色涂料所散发出的砷气体而中毒身亡的。

危险：禁止跨越　危险：禁止跨越　危险：禁止跨越　危险：禁止跨

> 即使它们会杀死我，我也要制造黄金！

汞

许多涉猎炼金术的人都患有汞中毒，比如艾萨克·牛顿。另外还有一些用汞来进行治疗的人，都被汞毒死了。

磷

19世纪，白磷被用于制造火柴。由于磷会慢慢地腐蚀下颌骨，所以当时的火柴制造者都会患磷毒性颌骨坏死。

放射性元素

2006年，当流亡在伦敦的亚历山大·利特维年科死于钋这种神秘的毒药后，钋就在全世界变得臭名昭著了。

元素！

接触可能引起死亡。

镉

在日本，有些人由于吃了在高镉地区种植的大米，而引起了著名的痛痛病。

碳

一些简单的碳化合物是非常危险的。比如，在燃烧不完全过程中产生的一氧化碳。另外氰化物也是致命的。鱼类对这种化合物尤其敏感。

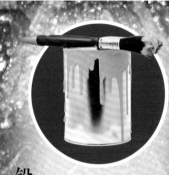

铅

铅曾常用于玩具和墙壁的涂料、汽油、水管，甚至密封食品罐头。但铅会使人中毒，导致严重的症状，甚至死亡，因此现在已经不再使用了。

险：禁止跨越　　危险：禁止跨越　　危险：禁止跨越　　危险：禁止跨越

吁——哈！

硒

美国大草原富含硒。牛仔们知道，他们的牛群吃了野豌豆后就会发狂而四处乱窜。

铊

曾是药物学家的神秘作家阿加莎·克里斯蒂在她的侦探小说《白马酒店》中，把铊作为谋杀者使用的毒药。书中的第一个线索是：铊中毒最初的症状是头发脱落。

很多元素都是有毒的。

铝

是一种有银白色光泽的**柔软金属**。

铝具有良好的金属**延展性**、耐腐蚀、轻而结实，能导电、能反射热和光，由于这些特性，**所以**铝是极有用的一种金属。

铝的名字来自含有铝的矿物——明矾的拉丁文*"alumen"*。自古以来，明矾一直用于将天然染料固定到织物上。

95%＝通过回收，软饮料罐中 95% 的铝

土壤中含有大量的铝，因此植物能够吸收铝，尤其是茶树。

茶叶

地球表面含量最丰富的金属。

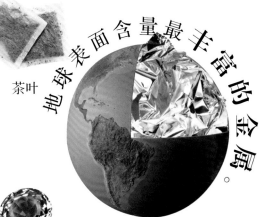

能像镜子一样反射光。

红宝石　蓝宝石

黄宝石

宝石

尽管其他的元素赋予宝石令人惊艳的颜色，但铝是绝大多数宝石变得漂亮的关键元素，蓝宝石、红宝石、黄宝石、绿松石和玉中都含有铝。

电塔

作为良好的**导体**，铝是一种制作电缆的理想材料。

交通工具

因为铝轻而结实，且具有保护性，所以它被用于制造船体、汽车车身和飞机零件。

铝箔

旗杆

留意食物和饮品**包装**中的铝。

每年，全球从铝矿中出产两千万吨铝，回收数量大致相同。

都能得到利用，节约了能源。

硅

假如没有硅，我们就没法建造沙堡了。

听说过硅吗？
沙子呢？

世界上有大量的沙子，它是由硅的氧化物组成的。

地球一半的表面覆盖着沙子。

极纯的
硅是蓝灰色
金属样的晶体。

窒息致死

由于吸入细小的二氧化硅而引起的肺部疾病，叫作矽硅肺。石棉，一种硅的化合物，曾广泛用于建筑材料和绝缘材料，但是它能引起肺癌。

原子量 28 ｜ 熔点 1410℃ ｜ 沸点 2355℃

玻璃

当温度达到1400℃左右时，沙子就能变成天然的绿色玻璃，加入其他元素，玻璃就能呈现不同的颜色。

石英晶体

通电后，这种纯净的硅氧化合物晶体就会精确地振动，利用这一特性，可以制作成用来计时的钟表。

矿石和宝石

种类繁多的矿石和宝石中都含有硅，如用于皮肤护理的滑石粉、发光的蛋白石、水钻和紫水晶。

填埋剂

油状、易变形的硅酮有多种用途，比如用于整形植入物、皮肤和头发凝胶及橡胶管。

硅芯片

用超纯硅制造的硅芯片使得个人电脑成为现实，作为电子设备元件的半导体硅则是我们日常生活中学习和通信的一部分。

当心！

海绵（一种海洋生物）的骨架是硅质的。

荨麻刺其实就是细小的针状二氧化硅。

哎哟！该死的刺！

硅的地盘

73

硫

是一种细小的黄色粉末。它在空气中燃烧时会散发出臭味。

硫自古就广为人知，英国人称它为硫黄(brimstone)。"地狱之火"(hellfire and brimstone)被用来警示人们弃恶从善。

臭花

世界上最大的花——泰坦魔芋，每四年开一次花。但是它含有的硫化物使它有一种死鱼的气味。

然而有一种蜜蜂喜欢这种气味，被这种气味吸引来为它传播花粉。

臭鼬放出的臭气包含**三种**硫化物。

臭物的用途

当硫被加热熔化后就会形成黄色晶体。

制造纸浆

在造纸厂，硫化物用于分解木浆中的强纤维和漂白纸。

发酵

在制酒的发酵过程中，硫化物用于杀死不受欢迎的酵母菌株，留下优质的酵母菌株。

橡胶的硫化

将硫和橡胶一起加热，能使橡胶变得有弹性而且不受天气影响，这个过程叫作橡胶的硫化。这样的橡胶能制成品质优良的轮胎。

生命的出口
硫产于自然界的火山口附近，包括海洋中的热水出口。地球上最早、最简单的生命形式可能起源于海底，并存活于这些火山口喷发出来的含有硫的水中。

破坏性
在燃烧煤和石油时，硫会被释放到大气中，然后以酸雨的形式落回地面，损伤树木，破坏森林。

必需性
硫并非一无是处。作为蛋白质的组成部分，它是所有生命必需的元素，角蛋白中的硫键，使我们的头发、皮肤和指甲变得坚韧。

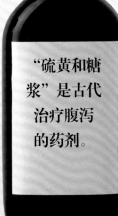

"硫黄和糖浆"是古代治疗腹泻的药剂。

抗生素
青霉素这种杀菌药是一种含硫化合物。

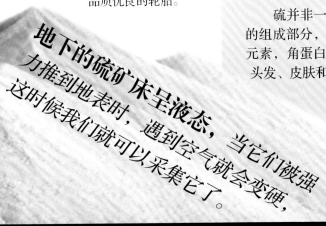

地下的硫矿床呈液态，当它们被强力推到地表时，遇到空气就会变硬，这时候我们就可以采集它了。

臭鸡蛋？
不对，是硫化氢。

硫被添加到天然气中，这样，天然气泄漏时我们就能闻到气味，及时发现了。

一种很重的银色金属。

水银

有些鱼体内含有高浓度的汞

汞发现于公元前1500年。

自古以来，

水银（汞的俗称）就有着神秘的色彩，这种很容易得到的液态金属看起来非常迷人。每种生物中都存在微量的汞，因此也存在于我们所吃的所有食物中。

当心!

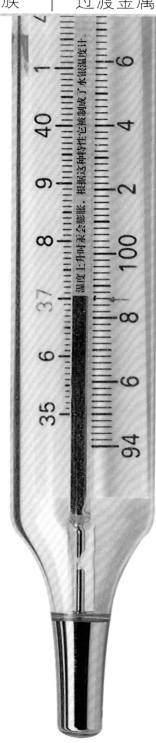

温度上升时汞会膨胀，根据这种特性它被制成了水银温度计。

人们曾经认为它是一种药……

汞的发现

汞是从朱砂矿中加热提取出来的，这种矿石在世界各地均有发现，但以西班牙、俄国和中国最为丰富。

无论何种形式的汞都是非常危险的，其中甲基汞有剧毒，它们通常存在于化学污染水域的微生物中，这些汞能经过一条长长的食物链后富集在我们吃的鱼的体内。

汞是世界上最重的液态金属。

致死还是治愈

自古以来，即使人们知道汞有毒，但它还是被广泛用于医药工业和农业。在制帽业中，工人因制造毛毡用的汞化物而中毒，遭受幻觉折磨。直到19世纪50年代，科学家才建议限制汞的使用。

我疯了！

曾用于：

温度计

毛毡制品

镀金和镀银

现用于：

补牙

纽扣电池

荧光灯
（少量）

由于能快速流动而且是银白色的，

所以也叫水银！

现被证明是一种致命的毒素。

氯就是PVC（聚氯乙烯）中的"C"，PVC用于制造排水管、花园家具和窗框。

氯

窒息

1915年第一次世界大战期间，氯气首次被德国用于对付协约国军队，造成了毁灭性的后果。这种气体的毒性是很强的，它能刺激眼睛和肺而引起死亡。

漂白

氯是漂白和清洁产品的主要成分，它能除去回收纸张上的墨水，同时也是油漆清除剂和杀虫剂的理想选择。

厕所

氯

Cl

氯产品能快速

氯能杀灭水中的致病菌，所以它被用来给水消毒，使水能安全地用于饮用和游泳。

当氯和其他元素发生反应后，就会变成无毒的氯化物。氯化钠，也就是盐，是我们在烹饪食物时使用的无毒物质。

氯的名字来源于希腊语"*chloros*"，意思是"苍白的绿色"。

作为一种密度大、有刺激性气味的黄绿色气体，氯气的化学性质非常活泼且非常危险，虽然它有破坏性，但对于我们还是很有用的。

气雾剂中含有CFCs。

空气污染
目前，氯氟碳（CFCs）化合物的使用已被严格控制，一个氟氯化碳分子可以破坏100000个臭氧分子。

水污染
氯产品流入江河和小溪后将会危害野生动植物和它们的环境。

杀灭病毒和细菌。

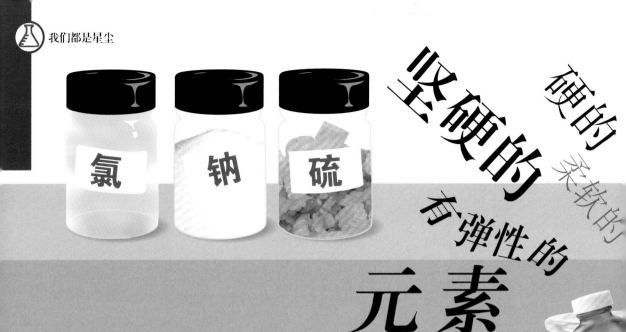

坚硬的 硬的 柔软的 有弹性的

元素

通过了解元素的性质，科学家能把元素进行熟练的化合而得到理想的产品。

自古以来，人类都在使用材料，这是因为它们具有人类需要的性质。而现在的设计者能使材料具有自己希望的性质，比如防水和有弹性，科学家能够制造出只有这种性质的新材料。

纳米技术

这种技术是在原子或分子的水平上进行材料的处理，在纳米级水平上进行科学实验，从而发现新材料及其新性能。

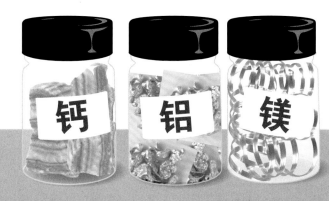

钙　铝　镁

坚固的
廉价的
生态友好的
设计师

熟练应用元素来发明新材料，能使产品变得更好。

化合物

我们可以用重新细致组装已有材料的方法来创造新材料。比如碳纤维很坚固，但毫无弹性，但是一旦把它加入塑料中，我们就能获得一种有弹性且比钢还硬四倍的新材料——正是由于这种特性，它被用于制造网球拍。

小而方便

以前的防晒霜是由大颗粒的钛化合物制成的，看上去就好像在脸上涂了一层油漆，但是现在用纳米技术制造的防晒霜颗粒小到肉眼不可见，所以涂在脸上就看不见了。

太智能了！

智能材料能感应环境的变化并做出反应。例如，由镍钛合金制成的超级弹性玻璃在被大幅弯曲后仍能自动恢复成原始形状。

名字里的秘密

"你知道吗……

钪加入棒球棒中，
可以增加它的击打力；
铋可以使口红变得有光泽；
硼被用来使火炬产生绿色。

实际上，人类已经发现了自然界中
各种元素单质的一种或几种用途了。

除了钫和砹，它们的寿命太短暂了，
一些砹同位素只能存在几纳秒。"

我无法
理解。

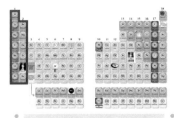

IA 族元素

除氢以外的其他元素被称为碱金属。这些质软的银白色金属非常活泼，易与其他元素发生反应。

1 氢 Hydrogen

元素名来源于希腊语"hydor"和"genes"，意为"水素"。氢的用途非常广泛，如天然气、液态氢、水和酸。

3 锂 Lithium Li

元素名来源于希腊语"litbos"，意为"石头"，这是因为它首先是在透锂长石矿中被发现的。由于锂是世界上最轻的金属，所以它被用于飞机、自行车和高速列车框架的制造，使它们变得更轻、更坚固。锂电池体积小、重量轻，是一种十分理想的小型物体供电装置，比如手表、计算器、玩具、个人音响及心脏起搏器。锂还被用于空调中。在玻璃中加入锂，可以使玻璃能耐受骤冷骤热，比如应用于显像管。

11 钠 Sodium Na

元素名来源于苏打，化学符号来源于拉丁文"natrium"，意为"苏打"。钠的用途很多，钠盐可以用于食品和洗涤剂，而金属钠可以作为原料来制造很多化学品。

19 钾 Potassium K

元素名来源于中世纪的单词钾碱(Potash)。钾碱是一种植物灰，用于调味、保存食物和肥料。化学符号来源于拉丁文"kalium"，意为"钾碱"。现在钾仍然用作肥料。在玻璃中加入钾会使玻璃更加坚硬且耐磨损，这种玻璃已用于电视。同时钾也用于液体洗涤剂和药物中。在长期干旱地区，钾还用来人工降雨，用飞机将装在照明弹中的钾散布于天空中，能成云降雨。超氧化钾则能为矿井、潜水艇以及航天飞机供氧。

碱金属和

37 铷 Rubidium Rb

元素名来源于拉丁文"rubidius"，意为"深红色"，其焰色反应就是这个颜色。由于铷的价格非常高，所以很少被应用，它几乎只用于实验室研究；另外，GPS（全球导航卫星）系统中使用的是铷原子钟。有时偶尔也会在烟花中加入一点铷，为烟火增加紫色。

55 铯 Caesium Cs

元素名来源于拉丁文"caseius"，意为"天蓝"，铯化物的焰色反应就是这个颜色。绝大多数铯矿都来自加拿大曼尼托巴省的贝尔尼克湖。人们用铯来制造光学玻璃，而其他种类的玻璃则被浸入铯盐溶液中进行强化。由于氟化铯和碘化铯在受到X光的照射后能发光，因此，

这些化合物被应用在医疗诊断和放射性探测中。铯原子每秒能改变其能量状态几十亿次，铯原子钟的精确性非常高。由于铯原子钟几百万年也不会偏差一秒，故将其作为时间的标准计量单位。卫星、手机以及电视广播等技术都依赖于铯原子钟。

67 钫 Francium F

元素名源于发现者的祖国——法国的名字。钫是一种天然放射性元素。它是全部180多种放射性元素中不稳定的一种，同时也是地球上第二少的元素，其半衰期为22分钟（半衰期是指衰变一半所需的时间）。极短的半衰期使它难于研究。

碱土金属

A 族元素

这些具有银白色光泽的金属称为碱土金属，由于它们容易发生反应，所以在地壳中仅能发现它们的化合物。

铍 Beryllium Be

一种重量轻、强度高、毒性强的金属，元素名来源于希腊语"beryllos"，意为"次贵重的绿宝石"。绿柱石（祖母绿）中含有铍和2%的铬，所以显绿色。当铍加入铜和镍中后，能得到良好的导电性、热稳定性以及弹性，是弹簧和耐磨工具的理想材料。宇宙飞船的部分元件也用到铍。

镁 Magnesium Mg

镁元素是以希腊地名"Magnesia"命名的，它是地球上第7丰富的元素。镁是叶绿素分子的组成部分，是绿色植物的必需元素，叶绿素能利用阳光来制造有机物。镁化合物，如镁乳（氢氧化镁混悬剂）和泻盐（硫酸镁）都是用于治疗消化问题的药物和放松肌肉的镇静剂。从矿物中提取的

镁可以用来制造壁炉和火炉用的耐火砖。金属镁轻且耐用，在镁里加入10%的铝和微量的锌和锰制成合金时，能改善镁的强度、耐腐蚀性和焊接性，这些特性使它成为汽车车体、飞机部件、割草机、行李箱和电动工具的理想材料。回收利用镁所耗能量是从矿石中提取等量镁所耗能量的5%。

20 钙 Calcium Ca

元素名来源于拉丁文"calx"，意为"石灰"。石灰是钙的多种化合物之一，古人将石灰用作建筑物的灰浆。钙是地壳中最丰富的几种元素之一，大部分以石灰石的形式存在。钙可用于水泥、石膏、土壤调节剂及净化水和处理污水。以前，在巴黎人们将熟石膏用于制造断肢的模子，而容易雕刻的雪花石膏则用于雕塑。在电厂泛应用之前，石灰用于照明，它产生的亮光能传播数千米远。这种灯被用作灯塔的闪耀灯和舞台的照明，因此产生了一个短语："to be in the limelight"，意思是成为关注的焦点（原意为"在石灰光下"）。

38 锶 Strontium Sr

元素名来源于它的发现地的地名，它是在苏格兰斯多恩用的铅矿中第一次被发现的。一些深海生物的贝壳中含有该元素，而且石珊瑚必须要有锶才能存活，所以在水族馆的水里必须加入这种元素。锶是电视屏幕和显像元件的组成部分，同时也能为信号弹提供明亮的红色光。

56 钡 Barium Ba

元素名来源于希腊语"barys"，意为"重的"。消化道疾病患者在做X光之前得服下无毒的含钡混合物，该混合物在X光的照射下能被清晰地显影，从而帮助医生确定病发位置和诊断疾病。在荧光灯制造过程中，钡也用于荧光灯的电极和底片上的涂层。

88 镭 Radium Ra

元素名来源于拉丁文"radius"，意为"射线"，它在黑暗中能发出微弱的光。镭是一种有毒的放射性重金属，半衰期长达1600年。存在于土壤中的镭，使地球成为一颗天然的放射性行星。它能被植物吸收，水泥的生产和煤的燃烧则能将它释放到环境中去。镭被用在钟表刻度盘上的发光涂料中。工人为了使表针刻漆得更精致，常常会去舔毛刷的尖毛，这导致了许多工人的放射性疾病。

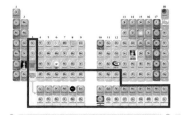

镧系元素

ⅢA 族元素

过去被归为稀土金属，但其实它们并不稀有。它们是银色的、银白色的或者灰色的金属，共性很多，让人很难区分。

镧系元素

镧系元素也称为稀土金属，存在于含有大部分镧系元素的复合矿物中，许多镧系元素都是在伊特比（Ytterby）被发现的。

21 钪 Scandium **Sc**

钪于1879年在瑞典被发现，以斯堪的纳维亚地区命名。它是一种重量轻且非常昂贵的金属，曾经用于提高棒球棒的击打力。

39 钇 Yttrium **Y**

元素名来源于钇的发现地——瑞典斯德哥尔摩附近的村庄伊特比（Ytterby），1787年在那里发现了一块古怪的黑色岩石，其中含有钇和其他三种元素。钇被用于显示彩电中的红色。

57 镧 Lanthanum **La**

元素名来源于希腊语"lantbanein"，意为"隐蔽"。镧在干燥空气中只要几分钟就会变暗，目前用于照明和玻璃制造业。

58 铈 Cerium **Ce**

元素名来源于小行星谷神星的英文名，同时在古罗马也有农业之神的意思。它是自点火的，用于自清洁烤箱。

59 镨 Praseodymium **Pr**

元素名来源于希腊语"prasios didymos"，意为"绿色双胞胎"。它的氧化物是浅绿色的。用于玻璃吹制和焊接。

60 钕 Neodymium **Nd**

元素名来源于希腊语"neos didymos"，意为"新生双胞胎"，这是因为它是和59号元素镨一起被发现的。它用于制造强大的永久性磁铁。

61 钷 Promethium **Pm**

元素名来源于希腊语"Prometheus"，意为"普罗米修斯"，是从上帝那里帮助人类盗来火种的神的名字。

62 钐 Samarium **Sm**

它最初是从铌钇矿石中分离出来的，所以用矿石名"samarskite"来给它命名。它与钴混合会形成不易失去磁性的永磁体。

63 铕 Europium **Eu**

元素以"欧洲"命名。亮红色的铕可用于制造电视显像管和荧光灯。

64 钆 Gadolinium **Gd**

元素名来源于发现稀土元素的瑞典科学家约翰·加多林。我们能利用它的磁性来进行追踪，所以在医学诊断中钆用于磁共振成像。

65 铽 Terbium **Tb**

元素名来源于它的最初发现地伊特比。铽是一种罕见的银色金属，目前用于制造X光成像屏幕和光盘。

66 镝 Dysprosium **Dy**

元素名来源于希腊语"dysprositos"，意为"难以取得"，因为这种元素很难分离出来。

67 钬 Holmium **Ho**

元素名来源于斯德哥尔摩的拉丁文"Holmia"。目前该元素用于激光手术。镝和钬是所有元素中磁性最强的。

68 铒 Erbium **Er**

这是另一个以伊特比命名的元素，铒能吸收外线，所以被用来制作接、玻璃吹制和激光手术的护目镜，另外它也用于阳镜、玻璃制品和珠宝的红色着色。

69 铥 Thulium **Tm**

以斯堪的纳维亚半岛的古名Thuie命名。人们很用到这种元素，因为它不罕见且昂贵，而且还可以其他便宜的元素所替代。

70 镱 Ytterbium **Yb**

元素名也来源于伊特比，目前应用于激光和改不锈钢的性能。

71 镥 Lutetium **Lu**

元素名来源于"Lutetia"——古罗马对巴黎的称呼。它是世界上最贵的金属。

和 锕系元素

系元素

这些放射性稀土元
中的大部分都是在核反
中制成的。

锕 Actinium (Ac)

元素名来源于希腊
"aktinos",意为"射线",
为放射性很强,能在黑暗
之光。

钍 Thorium (Th)

以北欧神话中战神
尔的名字命名,被用来给核
应堆提供燃料。

镤 Protactinium (Pa)

镤衰变形成锕,
素名的意思就是"在锕之
,它的用途目前未知。

铀 Uranium (U)

元素名源于天王星
希腊神话中的天堂之神。它
能发电最重要的燃料。

镎 Neptunium (Np)

元素名源于海王星
希腊海洋之神,产生于核反
堆的气燃料棒中,仅有微弱
放射性。

94 钚 Plutonium (Pu)

元素名源于冥王星。
用于核反应堆和核武器,它
曾作为1971年阿波罗14号绕月
飞行及火星好奇号探测器的
电源。

95 镅 Americium (Am)

元素名源于发现
地美洲的名字。主要用于烟感
报警器——它能产生一微弱弱
电流,烟雾干扰电流时会触发
警报。

96 锔 Curium (Cm)

因纪念著名科学
家居里夫妇而得名。锔产生于
钚,它可以用于制造起搏器、
导航浮标及航天器的电源。

97 锫 Berkelium (Bk)

元素名源于首次发现
的地点:美国加利福尼亚的伯
克利。锫可以从钚的核反应堆
中得到,每年产量不足1克。

98 锎 Californium (Cf)

因纪念诞生地加利福
尼亚而得名。这种放射性元素
可以从钚的核反应堆中得到,
每年产量仅几毫克,主要用于
治疗癌症。

99 锿 Einsteinium (Es)

以著名的物理学家
爱因斯坦的名字命名,是一种
非常罕见的金属。

100 镄 Fermium (Fm)

以意大利著名物理
学家费米的名字命名,只能
以百万分之几克的量生产。

过渡元素

原子序数在101以上
(包括101)的元素,半
衰期非常短,有时候只能
持续几分之一秒。

101 钔 Mendelevium (Md)

以元素周期表的创
始者门捷列夫的名字命名。

102 锘 Nobelium (No)

以炸药发明者诺贝
尔的名字命名。

103 铹 Lawrencium (Lr)

以回旋加速器的发明
者欧内斯特·劳伦斯的名字命
名,回旋加速器帮助生产和分
离了许多放射性元素。

104 铲 Rutherfordium (Rf)

为纪念最早解释原子
结构的物理学家之一卢瑟福而
得名。

105 钳 Dubnium (Db)

元素名源于发现地
——俄罗斯的小镇杜布纳。

106 镭 Seaborgium (Sg)

元素名源于美国物
理学家西博格。

107 铍 Bohrium (Bh)

元素名源于第一个正
确解释原子结构的物理学家
玻尔。

108 镙 Hassium (Hs)

元素名源于德国黑
森州——德国核物理研究所
的所在地。

109 鿏 Meitnerium (Mt)

元素名源于首先提出
放射性原子可以自发分裂并
释放能量的奥地利物理学家
迈特纳。

110 鿏 Darmstadtium (Ds)

元素名源于发现地,
德国的达姆施塔特。

111 轮 Poentgenium (Rg)

在2004年被确认为
元素并命名。

112 鿔 Copernicium (Cn)

2009年被发现,以天
文学家哥白尼的名字命名。

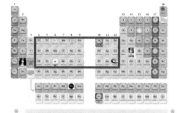

过渡金属

IVB 族 到 Ⅷ 族

这些被称为过渡金属的元素非常坚硬，高熔点、高沸点，是良导体。

22 钛 Titunium　Ti

元素名来源于希腊神话中天神和大地女神之子泰坦的名字。它比钢铁硬且轻，用于制造飞机发动机、轮船和人工关节。

40 锆 Zirconium　Zr

元素名来源于波斯语 "zargon"，意为 "金色的"，这是因为它能形成金色的晶体。用于制造陶瓷、刀、剪、食物包装和滚搽式容器装的除臭剂。

72 铪 Hafnium　Hf

元素名来源于 "哥本哈根"的拉丁文 "Hafnia"。熔点高，抗腐蚀性好，大量应用于核反应堆和潜水艇部件。

23 钒 Vanadium　V

元素名来源于斯堪的纳维亚女神之名。钒是一种抗蚀性较好的银色金属，能提高钢的硬度。最初的福特T型车的部件就是用钒钢制成的。

41 铌 Niobium　Nb

元素名来源于古希腊神话里国王坦塔罗斯之女的名字，因为它和钽性质相近。铌以其与其他金属合金化时的耐热性而闻名。镍基铌合金用于火箭和喷气发动机。

73 钽 Tantalum　Ta

元素名来源于古希腊神话中在地狱受尽折磨的传奇国王坦塔罗斯的名字。因为科学家在分离它的时候也受尽了折磨。它被用于手机和人造植入物。

24 铬 Chromium　Cr

元素名来源于希腊语 "chroma"，意为 "颜色"，因为铬盐的颜色非常丰富。用于鞣

革，使革防水，以及生产不锈钢。

42 钼 Molybdenum　Mo

元素名源于希腊语 "molybos"，意为 "铅"，因为曾被误认为是铅。用于润滑剂，也用于制造汽车、飞机和火箭发动机中的钢合金。

74 钨 Tungsten　W

元素名来源于瑞典单词 "tung sten"，意为 "重的石头"。化学符号来源于不喜欢这种元素的德国锡矿工所用的替代名称 "wolfram"（狼垢）。钨是所有金属里熔点最高的，因此被用于制造弧光灯的电极，也用于制造合金，提高合金的某些性能。

25 锰 Manganese　Mn

元素名来源于磁铁矿。锰能提高钢铁的强度、耐磨性、碾轧性和锻造性，因此被用于制造火车轨道、移动机械、保险柜、头盔及监狱的铁栅栏。

43 锝 Technetium

是第一个人工合成的元素，以希腊语 "tekhnetos" 命名，意为 "人造的"。地球形成时所存在的原生锝已衰变。现在，锝可以从核燃料棒中获得，由于它的强放射性，所以被广泛地用于医学诊断。

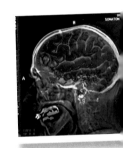

75 铼 Rhenium

元素名来源于拉丁文 "Rhenus"，意为 "莱茵河"。铼具有很高的熔点，仅次于钨，是世界上最罕见的金属之一，用于烤箱和灯丝，温度可达2000℃以上。

铁 Iron Fe

元素名来源于古英语"iren"，化学符号"Fe"来自拉丁文"ferrum"。铁易锈，但加入少量的碳后就成钢，不同的钢有不同用途，在建筑、艺术和珠宝中应用。

钌 Ruthenium Ru

元素名源于拉丁文"ruthenia"，意为"俄罗斯"。钌是铂和钯的硬化剂，很稀有。

锇 Osmium Os

元素名来源于希腊语"osme"，意为"臭味"，因这种金属表面散发着一种强烈气味。锇是密度最大的元素，像金子一样罕见，曾用于制钢笔尖和钟表针，也用于指纹的检测——它可以显示出遗留下的微量油脂。

钴 Cobalt Co

元素名来源于德语"kobald"，意为"小妖精"。它可被磁化，用于制造磁铁；在陶瓷工艺和油漆中，用来制造深蓝色；在18世纪侦探用它来做隐形墨水，加热就能显现出信息。

45 铑 Phodium Rh

元素名来自希腊语"rhodom"，意为"玫瑰色"。它是世界上含量最少的无放射性金属元素，具有良好的反光性，常用于镜子涂层和探照灯。

77 铱 Iridium Ir

元素名来源于希腊神话中的彩虹女神，因为铱盐具有多种颜色。铱是最稀有、最耐腐蚀的金属之一，广泛应用于深水管道和火花塞的触头。

28 镍 Nickel Ni

元素名来源于德文"kupfernickel"，意为"小淘气"，因为在德国铜矿工人看来，这种棕红色的矿石除了能给玻璃增加点绿色之外毫无用处。镍在高温下耐腐蚀，应用于燃气轮机和火箭发动机。

46 钯 Palladium Pd

元素名来源于希腊神话中的智慧女神。它被用于从原油中提炼汽油的化学反应中。

78 铂 Piatinum Pt

元素名来源于西班牙文"platina"，意为"银"。虽然铂和黄金一样的昂贵，但是我们日常购买的产品中有20%是用铂制造的，它是电脑中储存信息的硬盘的磁性涂层的一部分。

29 铜 Copper Cu

元素名来源于塞浦路斯的拉丁文名称"cuprum"，这里是古代铜的主要出口地。铜是最早被制造加工的金属，人们发现了它和锡的合金——青铜，开创了青铜时代。铜是电和热的良导体，用于制造电线。另外，铜自古以来一直用于铸币。章鱼、蜗牛和蜘蛛等生物体内是由铜来携带氧的，所以它们的血是蓝色的。

47 银 Silver Ag

元素名来源于古英语"seolfor"，化学符号来源于拉丁文"argentum"，均表示"银"。阿根廷(Argentina)以此命名是希望他们国家储银丰富。银具有惊人的反光性和导电性，用途广泛。

79 金 Gold Au

元素名来源于古英语，意思是"黄色"，化学符号来源于拉丁文"aurum"，意为"黎明"。金是最具延展性的金属，1克金能碾成1平方米的薄片。金具有良好的耐腐蚀性，是少数单质形式存在的金属之一。

30 锌 Zinc Zn

元素名来源于德文"zink"。它与铜混合得黄铜，可以镀在其他金属表面以增加那些金属的抗腐蚀性。锌化物用于橡胶、塑料、X光屏幕、电视以及荧光灯。另外，锌也用于房顶的防风雨薄膜，尤其是在巴黎。

48 镉 Cadmium Cd

元素名来源于拉丁文"cadmia"，意为"菱锌矿"，这是因为镉是从菱锌矿中提炼出来的。曾经普遍用于油漆和螺栓中，但后来发现它有毒，目前主要用于电池。

80 汞 Mercury Hg

元素名来源于水星，并且在古罗马还有速度之神的意思，化学符号来源于拉丁文"hydrargyrum"，意为"液态银"。由于其存在毒性，目前用途有限。

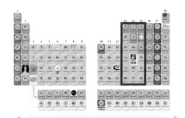

ⅢA 族元素

硼族元素在自然界中仅以化合态存在。

5 硼 Boron B

元素名来源于阿拉伯文 "borax"，意为"硼砂"，因为硼主要从硼砂矿中提取。硼是一种高熔点的黑色粉末，能增加瓷砖和厨房设备的耐热玻璃、表面釉层的强度和硬度，也能给玻璃纤维增加弹性和绝缘性。硼化物用于制造除垢剂、杀虫剂和肥料。另外还用于粉饼中，可以增加光泽度和丝滑的质感。

31 镓 Gallium Ga

元素名来源于拉丁文 "Gallia"，意为"法国"。镓质软，有金属光泽，用于制造电子显示器和手表的发光二极管。它是电的半导体，应用于超级计算机和手机中。

49 铟 Indium In

元素名来源于拉丁文 "indicum"，意为"靛蓝色"，即原子光谱中最亮的颜色。铟质软、银色、被弯曲时会发出尖锐的声音。氧化铟锡可用于触摸屏。

13 铝 Aluminium Al

元素名来源于拉丁文 "alumen"，意为"明矾矿"。铝不生锈、重量轻、韧性好、易回收，有数百种用途，比如用于窗框、门把手、金属管、船只零件、汽车、摩托车、飞机、食品包装、饮料罐。它是电的良导体，也是光和热的反射体，所以铝也应用于电缆、绝缘材料、热反射铝箔和太阳镜。

81 铊 Thallium Tl

化学符号来源于希腊语 "thallos"，意为"绿色植物的嫩枝"。铊是一种柔软的灰色金属，易失去光泽。曾用于去毛剂和鼠药，但由于它的毒性，现已被禁用。

目前用于折射透镜和红外线探测器的玻璃组件。

113 鉨 Nihonium Nh

2016年，寿命较短的113号元素被正式命名，"Nihonium"在日语中是日本的意思。

ⅣA 族元素

碳族元素包括金属和非金属。

6 碳 Carbon C

元素名来源于拉丁文 "carbo"，意为"木炭"。碳以多种形式存在于地球表面，是开采量最多的元素。提供能量的化石燃料是一种还原态的碳。碳纤维比钢还硬，用于增强运动器材的可塑性，同时也是制作能吸收有毒气体的防护服的原料。它有多种形态，比如钻石、石墨、炭黑、焦炭和木炭。

14 硅 Silicon Si

元素名来源于拉丁文 "silex" 或 "silicis"，意为"燧石"。燧石是人类最早使用的工具。从玻璃到硅酮，从硅芯片到石英水晶，

再到硅酸盐，硅在我们中起着重要的作用。

32 锗 Germanium C

它以德国命名，为银白色易碎半金属的半导体。锗首先用于管（半导体广播），虽然前已被电子设备所代替仍然用于广角照相机和线设备。

50 锡 Tin

它是一个古英语单词，化学符号来源于文 "stannum"。金属锡而坚韧，是发现最早的金之一。为许多古代文明所知，把它加入铜中可以青铜。如今，锡被用作的涂层，被加到用作焊铅中，并被添加到用于汞合金的银和铜中。它腊、铸钟用金属和轴承比特合金的组成成分。

非金属

铅 Lead **Pb**

自古罗马时代起，被广泛应用，它以古英语"aedan"命名，化学符号源于丁文"plumbum"，并用它了铅垂线工具（一种将铅在绳子末端的装置）。铅灰色、柔软、弱金属性、工的金属。铅的大多数传途已被废止，如水管、房漆和汽油添加剂，因为它毒的。现在，它主要用于地下电缆的外包物、汽车、屋顶镀层、铅晶体、有璃和运动的投掷器械，它于保护人们免受辐射。

铁 Flerovium **Fl**

它于1998年在弗廖罗夫室首次被创造出来，该室以苏联物理学家格奥弗廖罗夫的名字命名。

A 族元素

氮族元素物理形态异很大，但是有许多似的化学性质。

氮 Nitrogen **N**

元素名来源于希腊语"nitron"和"genes"，意硝化"。"Nitre"是黑和炸药中使用的硝石的。在化学工业中，氮用于制造许多化合物，涉及我们的食物、衣服、汽车、家居用品和药物。

15 磷 Phosphorus **P**

元素名来自希腊语"phosphoros"，意为"光的使者"。白磷是危险的易燃物和致命的毒药，但是与氧结合后形成的磷酸盐却是人体和植物的必需养分。磷酸盐会储存在种子中供新植物开始生长时使用，因此肥料中会添加。但是如果过度使用，致使大量的磷酸盐进入湖泊河流中，则会引起藻类的疯长，掠夺其他动植物的氧气。因此，法律规定要减少和回收农业和工业废水中的磷。磷酸盐也用于食品，比如用发酵面粉来制作蛋糕、油酥点心和饼干。磷的其他用途包括动物饲料添加剂、阻燃剂、清洁产品及防止金属生锈的涂层。

33 砷 Arsenic **As**

人类接触砷的历史可追溯到5000多年前，但是直到13世纪，科学家麦格努斯才给它定名。

元素名可能来源于希腊语"arsenikon"，意为"雌黄矿"。这种含砷的矿石用于表现油画中的亮黄色，但时间一长容易褪色，甚至从画布上消失。19世纪，砷是制造壁纸的染料，但这种染料一旦潮湿就会散发出有毒气体，能引起砷中毒，甚至是死亡。现在，砷仅用于生产特种玻璃、木材防腐剂和将电流转换为激光的半导体。

83 铋 Bismuth **Bi**

元素名源于德文"bisemutum"是拉丁化的"wissmuth"，是德语单词"weisse masse"的变体，意为"白色物质"。铋为有银白色光泽的金属，略带粉色，质脆易粉碎。熔点相对较低，目前用于喷淋灭火系统。另外也用于消化系统药物和能产生珍珠般光泽的化妆品。

51 锑 Antimony **Sb**

锑为古代文明所熟知，在中世纪，它被一个不知名的炼金术士发现。元素名来源于希腊语单词"anti"和"monos"，意为"非单独"。化学符号来源于拉丁文"stibium"，是含锑化合物的古名。锑为质脆、有光泽、银白色的固体，具有延展性，用于印刷工业和制造电池、轴承和电缆的防护层。作为阻燃剂加入塑料中，可用于汽车零部件。

115 镆 Moscovium **Mc**

2016年，115号元素被命名为"Moscovium"，以纪念它在俄罗斯被发现的地方。

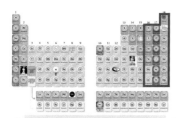

卤素和

VIA 族元素

这些元素有时被称为硫族元素，意为硫铁矿形成物，这些元素发现于一些金属矿中。

8 氧 Oxygen ⓞ

元素名来源于希腊语 "oxys" 和 "genes"，意为 "酸化"。它是地球上最常见的元素，占人体一半的重量。人类每年从空气中提取约100万吨氧，主要用于炼钢和化工。

16 硫 Sulpher Ⓢ

元素名来源于拉丁文 "sulfurium" 或梵语 "sul-vere"，这两个词的意思都是 "硫"。硫燃烧生成二氧化硫，用于制造硫酸、弹药和烟花。

34 硒 Selenium Ⓢⓔ

元素名来源于希腊语 "selene"，意为 "月亮"。硒以两种形式存在：银白色的金属或红色粉末。它易导电，用于光电池、复印机、太阳能电池、照度计和半导体。其他用途有制造红宝石色玻璃和光阻玻璃。硒是人类必需的元素，人体中约有14毫克。它能有效地降低重金属的影响，如砷、铊和曾在鱼体内发现的汞。

52 碲 Tellurium Ⓣⓔ

这种半金属灰色粉末的元素名来源于拉丁文 "tellus"，意为 "大地"。碲化物有毒，食用后会引起身体不适和呼吸困难。在铜或不锈钢中加入碲后能增强强度和耐磨性。碲还会被加入铅中，使其更硬，更耐酸，可供电池使用。

84 钋 Polonoium Ⓟⓞ

为纪念1898年居里夫人发现钋，这种元素以她的祖国波兰命名。钋是玛丽·居里从沥青铀矿中分离出来的。目前在核反应堆中，钋以克为单位由铋产生出来。钋用于α射线源和航天飞机的热能。2006年，钋被用于流亡伦敦的俄罗斯人——亚历山大·利特维年科的神秘中毒死亡事件，由此变得臭名昭著。

116 铊 Livermorium Ⓛⓥ

这种放射性金属以其首次制造地——美国加州劳伦斯利弗莫尔国家实验室的名字命名。

Ⅶ 族元素

这类气体的名字叫卤素，源于希腊单词 "hals" 和 "genes"，意为形成盐的物质。含卤素的化合物都称为盐。

9 氟 Fluorine Ⓕ

元素名来源于拉丁文 "fleure"，意为 "流动"。被称为氟化物的氟盐，在氟被分离出来之前的几个世纪里，一直被用于焊接金属和

制作磨砂玻璃。如今，用于核电工业、制造用料的氟化铀，以及用来作为燃料箱的塑料，避体泄漏。饮料、水和牙添加氟可以预防龋齿。氟能和所有的金属发生快速反应——钢丝暴露于氟气中时会立即爆炸燃烧。

17 氯 Chlorine

元素名来源于希腊语 "chloros"，意为 "黄绿，因为它是一种黄绿色、有性气味的气体。氯气有剧在第一次世界大战中被化学武器。氯气用于工白，将木材漂白后用于造也可用于净化饮用水和池的消毒。另外，氯还是乙烯塑料PVC中的 "C"。

惰性气体

780863 185779

臭 Bromine `Br`

元素名来源于希腊"bromos"，意为"臭。溴是暗红色有臭味的液体，有毒，液态溴能皮肤。溴可从天然海水水中提取出来，用于制料添加剂、杀虫剂、灭和药品，但是作为防和镇静剂的溴盐已被禁这是因为溴化物有弱毒有类激素作用。

0 族元素

这些稀有气体无色、无味，大部分是惰性气体。惰性是指它不易和其他元素发生反应。它们以单个原子形式存在，而不是分子。

2 氦 Helium `He`

元素名来源于希腊语"helios"，意为"太阳"，这是因为氦是太阳的主要成分。氦可从天然气井中提取，应用于低温装置、激光、焊接和深海潜水。

碘 Iodine `I`

元素名来源于希腊"iodes"，意为"紫色，因为当碘遇热时能升紫色气体。碘可做防腐也可用在动物饲料、印水、染料、工业催化剂摄影用的化学物质中。

10 氖 Neon `Ne`

元素名来源于希腊语"neo"，意思是"新"。氖是无色无味的气体，少量存在于空气中，是第二轻的惰性气体，不和其他任何物质发生反应。氖可从液态空气中提取，在电流通过时会发出红色光，因此可用于装饰照明。用氖制成的霓虹灯可以持续发光20年，红色信号灯只能由氖制成。

砹 Astatine `At`

名称源于希腊语"tatos"，意为"不稳定"。只存在于核设施或实验。

鿬 Tennessine `Ts`

117号元素于2016年式命名。

18 氩 Argon `Ar`

元素名来源于希腊语"argo"，意为"不活泼的"。氩是大气中第三丰富的气体，高温下不和灯丝发生反应，故而用于灯泡的填充气。蓝氩激光用于动脉接合手术、杀死肿瘤以及治疗眼病。氩气也用于保护古老的设备或石碑免受空气的腐蚀。

36 氪 Krypton `Kr`

元素名来源于希腊语"kryptos"，意为"隐藏的"，因为它很难被发现。氪是一种无色无味的气体，除氟以外不会与其他任何元素发生反应。氪是地球上第二少的气体，仅占大气体积的百万分之一。

氪星和氪石都是虚构的！

54 氙 Xenon `Xe`

元素名来源于希腊语"xenos"，意为"陌生人"。通电时发出蓝色光，因此用于频闪灯、日光浴床、雾天行车灯、路面信号灯、杀菌食品灯，以及给航天飞机的发动机供能。

86 氡 Radon `Rn`

氡由镭衰变产生，是一种无色无味的惰性气体，会发出辐射，故而很危险。氡积聚于地下洞穴和矿井中。日本和奥地利的氡浴据说能让人保持年轻，充满活力。

118 鿫 Oganesson `Og`

这种放射性元素是以俄罗斯物理学家尤里·奥甘尼辛的名字命名的。

专业词汇表

锕系Actinides：放射性重元素，原子序数从89到103。

半导体Semiconductor：在某些情况下，能部分导热、电、声的元素。

磁性Magnetic：一些元素吸引或排斥相似物质的性质，尤其是铁。

导体Conductor：可以很好地传导热、声、电的一种元素。

抵抗性Resistant：元素抵抗热、光、水或其他影响的性质。

点金石Philosophers stone：炼金术士认为可以把任何金属变成黄金的一种石头。

电荷Charge：通过电子的得失而引起的一个原子电量的不同，既可以带正电也可以带负电，带正电失电子，带负电得电子。

电解Electrolysis：用电解离化合物的过程。

电路Electric cicuit：电荷流动的途径。

电子Electron：作为原子组成的三种结构微粒之一，它绕原子核运动，带负电，原子外轨道的电子数目影响元素的化学性质。

惰性Inert：不容易和其他元素发生反应。

惰性气体Noble gas：元素周期表中的0族元素，均为化学惰性的无色气体。

反射体Reflector：能反射光并在其表面能留下镜像的元素。

放射性Radiation：原子核分裂时发出的能量，以粒子或不可见的射线的形式传播。

放射性的Radioactive：不稳定元素原子核的性质，释放高速粒子或射线，随着原子核的分裂变得稳定。

放射性衰变期Radioactive decay：一种放射性元素衰变成另一种放射性元素所用的时间，半衰期是指样本一半衰变所用的时间。

非金属Non-metal：固体易碎，与金属相比，是光、热、电的不良导体。

沸点Boiling point：在一定气压下，物质由液体变为气体的温度。

分子Molecule：化合物的单个微粒，由两个或两个以上的原子结合而成。

腐蚀Corrosion：金属或合金变成粉末的过程，尤其当水和氧都存在时。

固体Solid：原子紧密结合在一起的形态。

过渡金属Transition metal：在元素周期表中，从ⅢB族到ⅡB族的元素，它们大多数是质硬、高熔点、高沸点的良好的导体。

合金Alloy：两种或两种以上的金属混合物。

核反应堆Nuclear reactor：一种装置，在这里，中子被轰击到某些原子的原子核上，导致它们分裂

并释放出更多的中子，产生热量，并产生新的放射性元素。

化合物Compound：两种或两种以上的元素结合在一起。

化学Chemistry：研究元素性质和反应的科学。

化学反应Chemical reaction：通过原子组合的改变或转变制造一种或多种化学物质。

化学式Chemical formula：用化学符号表示分子或化合物中原子的种类和数量的式子。

化学性质Chemical properties：在化学反应中一种元素表现的特征。

活性Reactive：一种元素容易参与化学反应的性质。

火焰阻滞剂Flame retardant：一种能阻滞可燃物着火或至少能减缓燃烧的化合物。

碱金属Alkali metal：元素周期表中除氢以外的ⅠA族元素，活泼的银色金属。

碱土金属Alkaline earth metal：元素周期表中ⅡA族元素，质软、活泼的银色金属。

键Bond：两个原子通过共享或得失外层电子结合在一起。

金属Metal：一种固体，表面有光泽，热和电的良导体，在不碎的状态下可被铸造成型的元素。

绝缘体Insulator：不易传导电、热、声的物质。

矿物Mineral：在大地上开采的固体，包含一种或多种元素。

矿石Ore：一种矿物或多种矿物的集合物，从中可采探或提取出在经济上有价值的成分，尤指金属。

镧系Lanthanides：原子序数从57到71的金属元素。

炼金术Alchemy：把其他金属变成金子和炼制长生不老药的法术。

荧光体Phosphors：一种当电流通过时，能发出微弱的可见光的物质。

卤素Halogens：元素周期表中ⅦA族元素，非金属元素。

纳米技术Nanotechnology：在材料的原子或分子尺度上工作的科学方法。

凝固点Freezing point：液体变成固体的温度。

气体Gas：元素原子或分子距离较远、能自由快速移动的状态。

燃烧Combustion：物质在氧气或氧化性气体中发光发热剧烈反应的过程。

溶解Dissolve：固体进入液体形成溶液的过程。

熔点Melting point：固体变成液体的温度。

失去光泽Tarnish：尤其指在空气或污水中失去颜色。

实验Experiment：在某种条件下，为了发现或证明某事而做某事的过程。

微粒子Particles：物质组成的最基本的单元，如原子、分子。亚原子微粒比原子更小，比如中子。

温度Temperature：衡量物体冷热程度的标准。

物理性质Physical properties：不借助化学反应能测量或能看见的特性。

X射线X-ray：气体原子受热激发或通电激发后发出的射线，可以通过肉体但不能通过骨骼和牙齿。

消毒Sterilize：清除物体上的细菌微生物的过程。

性质Properties：包括物理性质和与其他元素反应的化学性质。

延展性Malleable：一些元素具有的挤压塑型的能力。

盐Salt：金属和非金属化合形成的晶体。

氧化物Oxides：金属和氧形成的化合物。

液体Liquid：介于气体和固体之间的状态，元素原子保持近距离和相互吸引，可滑动。

易燃的Flammable：容易燃烧的。

荧光的Fluorescent：物质在辐射下激发发光的现象。

有毒的Toxic：摄入后能使人生病甚至死亡的性质。

元素Element：仅有一种元素原子的最简单的物质，任何物质都由一种或多种元素组成。

元素符号Chemical symbols：一个大写字母或一个大写字母和一个小写字母结合在一起表示一种元素的一个原子，用于书写化学式。

元素周期表Periodic table：已知元素的分类表格。

原子Atom：组成元素的微粒，包括原子核和一个或多个电子。

原子光谱Atomic spectrum：原子被电或热激发后发出的射线。

原子核Nucleus：原子的中心，由中子和质子组成。

原子结构Atomic structure：原子的模型，由质子、中子、电子组成。

原子序数Atomic number：一个原子核里面质子的数量。一个中性的原子，其原子序数等于核外电子数。

原子量Atomic weight：自然形态下地球上同一种元素原子的平均相对质量。

真空Vacuum：一个封闭的无气体或有极少量气体的空间。

蒸发Evaporate：通过加热排除水汽留下干燥固体。

质子Proton：原子核中两种粒子之一，带正电荷。

中子Neutron：组成原子核的两种微粒之一，不带电荷。

致谢

感谢下列朋友给予的帮助：

出版商感谢下列朋友允许转载他们的图片。

（关键词：a-上面；b-下面；c-中间；f-远；l-左；r-右；t-顶）

Alamy Images: 69bl; Mick Broughton 45l; Bruce Coleman Inc. / Edward R. Degginger 44clb, 69ftr; Classic Image 17br; Kathy de Witt 55tr; Digital Archive Japan 26cla; flash bang wallop 68bl; Foodfolio 28c; D. Hurst 55cra; ImageState / Pictor International 12tc, 27cl, 76tc, 76tl, 77bl, 77br, 82bc, 96bc, 96bl; Imagina Photography(www.imagina.bc.ca) / Atsushi Tsunoda 89; Imagina Photography (www.imagina.bc.ca) / Tsunoda 8-9; JG Photography 78-79t; Emmanuel Lattes 73cla; Gareth McCormack 69bl (background); Ian Miles / Flashpoint Pictures 78br; Charlie Newham 7br; Pictorial Press Ltd 14br; The Print Collector 49clb; Mark Sykes 63 (background); Travelshots 54clb; Ardea: John Daniels 28br, 42bl, 42-43c; The Art Archive: British Library, London 12c; The Bridgeman Art Library: Derby Museum and Art Gallery, UK 15br; Corbis: Yann Arthus-Bertrand 39bl; Bettmann 3bl, 11br, 12bl, 19br, 68tr, 76bl, 77c; Blue Lantern Studio 68tc; Lee Cohen 32br; Chris Collins 50c; Nathalie Darbellay / Sygma 14-15t; Tim Davis 74br; Digital Art 32-33, 80-81b; Jose Fuste Raga 6b; Gunter Marx Photography 75bl; H et M / photocuisine 75br; Lindsay Herbberd 49cla; Matthias Kulka 40t; Matthias Kulka / zefa 45tr; Mark M. Lawrence 72cl; NASA 33cr, 36t; Charles O'Rear 67tc, 72bl; Roger Ressmeyer / NASA 28tc, 31tr; Reuters 69tc; Guenter Rossenbach / zefa 28tl, 54-55b; Stapleton Collection 11cr, 15c; Les Stone / Zuma 73clb; Hein van den Heuvel / zefa 49tr; Josh Westrich / zefa 67r; Nik Wheeler 49c; Douglas Whyte 70-71; Zefa 51tl, 58c; DK Images: Anglo-Australian Observatory 6-7t (background); British Museum 11crb, 48cra, 60bc, 60cra, 60tc, 60tr, 62cb, 63bc, 63bl, 63br, 63crb, 63fbr, 63fcr, 89fl; Egyptian Museum, Cairo 62cra; Football Museum, Preston 63cra; IFREMER, Paris 88bl; Jamie Marshall 49tl; Judith Miller / Fellows & Sons 89tc (ring); Judith Miller / Antique Glass - Frank Dux Antiques 69tr; Judith Miller / Biblion 69bc; Judith Miller / Keller & Ross 89bl; Judith Miller / Wallis and Wallis 93br; National Motor Museum, Beaulieu 1tl (car); Natural History Museum, London 44cl; Stephen Oliver 41br, 81fbl, 95; Oxford University Museum of Natural History 44cla; Pitt Rivers Museum, University of Oxford 8tl; Rough Guides 89tc, 91tr; Science Museum, London 20cl, 25tl, 45tc; Dreamstime.com:Spettacolara 78tc;Getty Images: Scott Andrews 35ca, 82l; Barry Austin Photography / Riser 78bc; Gary S. Chapman / Photographer's Choice 32-33c; Peter Dazeley 83br, 96tl; Peter Dazeley / The Image Bank 61cra; Discovery Channel Images / Jeff Foott 79bl; Jeremy Frechette / The Image Bank 61c; Photographer's Choice / Victoria Blackie 81crb; Antonio M. Rosario 11c; Nicolas Russell 35t; Craig van der Lende / The Image Bank 17cr; naturepl.com: Neil Lucas 74bl; Science Photo Library: 10tl, 13br, 16b, 16c, 16t, 16-17c, 17tr, 18bl, 18tl, 21br, 22tr, 34bl, 39c, 39tl, 42cl, 46crb, 58tc, 78cl; Andrew Lambert Photography 45ca, 66tr; George Bernard 60cl; Ken Biggs 63 (circuit board); Martyn F. Chillmaid 17cla; Lynette Cook 36b; Kevin Curtis 89tr; Roberto De Guglemo 66cr; John Foster 32cl; Mark Garlick 30tc, 30tl, 31tc; Pascal Goetgheluck 60c, 81br; Klaus Guldbrandsen 23br, 39tr, 82br; Coneyl Jay 84cb; Ben Johnson 71br; James King-Holmes 41cb, 84c; Ton Kinsbergen 86bl; Mehau Kulyk 54cl; Russ Lappa 56 (titanium), 57 (cobalt); Leonard Lessin 84bl; Dr P. Marazzi 61tr; George Mattei 88cr; Astrid & Hanns-Frieder Michler 23cl; NASA 31cl; Susumu Nishinaga 28cr, 54tr; Omikron 25br; David Parker 67b, 87tr; Alfred Pasieka 67c; Photo Researchers 22tl, 75cra; C. Powell, P. Fowler & D. Perkins 22-23; Philippe Psaila 35br; Gary Retherford 13bl; J.C. Revy 57crb; Novosti 21tl, 23cr, 87b; Alexis Rosenfeld 35bl; Sanderson 5t, 8cl; John Sanford 34tr, 82tr, 94tr; Mark A. Schneider 22b, 22bl, 22br; Josh Sher 84; Sinclair Stammers 50t; Michael Szoenyi 87bl, 8; TEK Image 54cra; Shel Terry 8tr, 14tl, 18br; Ri Treptow 57 (cadmium); Alexander Tsiaras 86tr; Library Of Congress 2; Dr Keith Wheeler 28cb 73tc; Charles D. Winter 43c, 47bl, 56 (selenium)

JACKET IMAGES:
Front: DK Images: National Motor Museum, Beaulieu tl (car)

All other images © Dor Kindersley
For further information see:
www.dkimages.com